学術選書 085

生老死の進化

生物の「寿命」はなぜ生まれたか

高木由臣

KYOTO
UNIVERSITY
PRESS

京都大学
学術出版会

目　次

はじめに　　　　　　　　　　　　　　　　　　　　　　　3

第Ⅰ部　個体と細胞の「生老死」

第Ⅰ章

個体発生と生老死　　　　　　　　　　　　　　　9

1　受精卵からの出発　　　　　　　　　　　　　　　9

2　受精卵から分化細胞へ　　　　　　　　　　　　　14

3　細胞分裂の暴走性：2^n での増加　　　　　　　　23

4　暴走的細胞分裂の制御　　　　　　　　　　　　　29

　　コラム❶　　ダ・ヴィンチ画の天使の翼　　　　　22

　　コラム❷　　数の数え方　　　　　　　　　　　　26

　　コラム❸　　ゾウリムシの変身　　　　　　　　　31

第Ⅱ章

個体の寿命と細胞の寿命　　　　　　　　　　43

1　多細胞個体から解放された細胞の寿命　　　　　　43

2　単細胞生物ゾウリムシの寿命　　　　　　　　　　47

3　無性生殖は常に老・死で終わるか？　　　　　　　66

4　有性生殖と寿命　　　　　　　　　　　　　　　　71

5　老死という「生」のあり方　　　　　　　　　　　75

第II部 "いのち"のつながり

第III章

"いのち"の実体 85

1 遺伝子とは何か? 88

2 形質とは何か? 101

3 遺伝子はどのように形質を支配するか? 107

4 "いのち"を支えるエネルギー通貨 ATP 134

コラム❹　　元素・生元素・生体高分子 86

コラム❺　　ナンバーワンとオンリーワン 99

コラム❻　　仮想の「英文暗号表」 112

コラム❼　　真実・現実・事実 132

第IV章

"いのち"のつなぎ方：無性生殖と有性生殖 141

1 無性生殖と有性生殖の違い 142

2 ゾウリムシの有性生殖 157

3 有性生殖のエッセンス 164

4 有性生殖の起原 169

第V章

"いのち"の起原 173

1 細胞の歴史性 173

2 「細胞は細胞から」の唯一の例外 188

3	原核細胞から真核細胞へ	209
コラム❽	神話を生む「脳力」	180
コラム❾	トム・チェックの講演	194

第Ⅲ部 「老死」の進化

第Ⅵ章

有性生殖と老・死 233

1	進化するとはどういうことか？	235
2	無性生殖の永続性	242
3	真核細胞は無性生殖のみでは生きられないのか？	244
4	単為生殖の意義	255
コラム❿	俳句の世界から散文の世界へ	238

第Ⅶ章

老死の誕生と抑制系の進化 261

1	老化・死は進化の産物であるとなぜ言えるのか？	262
2	なぜ「老死」が進化しえたのか？	265
3	ゾウリムシの死に方	276
4	進化したのは抑制系	283
コラム⓫	自然淘汰 vs. 自然選択	290

おわりに（般若心経と進化論）	295
あとがき	305

参考文献 311

索引 317

生老死の進化
生物の「寿命」はなぜ生まれたか

はじめに

　『生老死の進化』という本書タイトルの意味は，生まれて・生きて・老いて・死ぬという"いのち"のあり方は進化の産物である，ということである．

　では，その母体となった原型はというと，生まれて・生きて・生きつづけるというか，生まれ・増え・事故死以外では死なないというか，要するに"老死"という現象を伴わない"いのち"のあり方である．"老死"という死の仕組みが進化したということは，生物は死なないのが本来の姿であり，死ぬことができるように進化したことを意味する．

　生物は死なないのが本来の姿というのは，古来より老化・死の恐怖に苛まれてきた私たちヒトにとっては意外な事実かもしれないが，現実には，明瞭な「死」の概念が当てはまらない生物は私たちの身近に数多く存在する．例えば単細胞原核生物である大腸菌のようなバクテリアは，餌と収容空間がある限り増殖し続け，これ以上は増殖不能というかたちでの死には至らない．もちろん事故死することはあるが，裏を返せば，事故に遭わない限り死なない生物と言える（原核生物と，すぐ後で述べる真核生物については，後に第5章3節で詳しく述べる）．

　一方，明らかな死がある私たちヒトも，明瞭なのは個体の死であって，細胞レベルで考えると事情は複雑である．個体を構成す

る体細胞の多くは老化して死ぬが，生殖細胞は卵や精子として，受精を経て新たな個体に引き継がれる．

では老化しない・死なない・体細胞は絶対に存在しないのか，もしそうだとすれば何故なのか？　単一の受精卵から発生した多細胞中に，どうして生殖細胞と体細胞の違いが生じるのか？

本書は，このような"老死"を生む"いのち"のあり方についての現実と，それがどのように進化したかを，根源的に考えようという試みである．答を提示できるわけではない．何が問題かを抉り出そうという試みである．

私は卒業研究を始めた大学4年時の23歳から，大学教員として定年退職した63歳までの40年間，単細胞の原生生物ゾウリムシを材料に，寿命と有性生殖をテーマに実験的研究に取り組んできた．退職後今日までの10余年間も，同じテーマについて考え続けている．

どんな分野であれ生命科学に携わっている人なら，「生命とは何か」というテーマに向き合うことなく過ごすというのはありえない．波動力学の創始者であり，ノーベル物理学賞の受賞者であり，『生命とは何か』の著者として知られるE.シュレーディンガーのように，「生物は負のエントロピーを食べて生きている」といった気の利いた言葉を遺せる人は稀だろうが，人それぞれに，自分の扱っている対象からその人にしか見えない「いのちの風景」を見ているに違いない．

私の場合は，私＜ヒト＞という多細胞真核生物が，＜バクテリア＞という単細胞原核生物を餌にして，＜ゾウリムシ＞という単

はじめに　5

細胞真核生物を飼いながら，「いのちとは何か」と考え続けることによって，ヒトの視点，ゾウリムシの視点，バクテリアの視点が絶えず入れ替わることによる風景の変化だけでなく，異なるレベルの細胞のあり方が，思いがけない問題意識につながることをたびたび経験してきた．

　細胞は最も基本的な“いのち”の場である．「いのちの場」である細胞は分裂する．細胞は分裂することによって新しい細胞を生じる．つまり細胞は細胞からつくられる．細胞分裂により1細胞が2細胞・4細胞・8細胞・・・と倍々で数が増えることを指数関数的増加とか対数増殖というが，2のn乗（2^n）で数が増えることの驚異的な「暴走性」は意外に実感しにくい．例えば20分で1回分裂するバクテリアが2日間144回分裂出来たと仮定すると，その総数2^{144}は（1個のバクテリアの重量を過小に見積もっても）地球の重量を超えてしまう．

　“いのち”の場である細胞は，自らのコピーを作る複製という作業と，DNA ➡ RNA ➡ タンパク質という情報伝達系を介した生命活動（代謝）を行う．DNAやRNAは4種類の塩基の配列を，20種類のアミノ酸の配列からなるタンパク質に置き換える（翻訳する）が，各タンパク質は特定のアミノ酸配列をもち，特定の塩基配列に対応している．ところが，例えば100個のアミノ酸から成るタンパク質の種類は20の100乗（$\fallingdotseq 10^{130}$）種類あり，それに対応する300個の塩基から成るDNAやRNAは4の300乗（$\fallingdotseq 10^{180}$）種類ありうるのに，現実にはアミノ酸配列も塩基配列も特定の1種類とその少数の変異型に限定されている．

　無限に近い可能性の中から一つだけに限定する情報系や，細胞

分裂の暴走性を制御する仕組みの進化を,「抑制系の進化」とみなして徹底的に考察しようというのが,本書のアプローチ法である.

　本書の対象は,生命科学分野の専門家(研究者,教師)だけでなく,この分野に関心をもつ大学生・院生を初め,自力で問題を発掘し,自力で考えることを歓びとする一般読者を念頭に置いている.問題にしている内容の性質上,やや専門的すぎると感じられる部分があるかもしれないが,文章を丁寧にたどっていただければ,何が問題であるかがわかるようにと努めた.

　問い続け,考えることを,一緒に楽しんでいただければ幸いである.

第 I 部 個体と細胞の「生老死」

　本書のタイトルにある"生老死"は,"生老病死"の間違いではない.生老病死は「しょうろうびょうし」と発音する仏教用語で,四苦とも言い換えられる.本書は人生の苦を哲学的に論じようとしているわけではなく,生まれて・老いて・死ぬという現象を生物学の問題として,「生命とは何か」の問題として考えようとしている.だから発音も「せい・ろう・し」である.

　そもそも生物の「生」「老」「死」とは何か.それを考えるために第 I 部ではまず,私たちヒトの一生に注目する.ヒトの「生」はどこから始まるのか.色々な考え方があるが,本書では新しい個体の遺伝子構成が決まる瞬間として,受精卵の誕生を「生」の始まりとする.受精卵という単細胞に始まり,細胞分裂を経て多細胞個体になるが,マウスサイズに留まるヒトはなく,ゾウサイズに達するヒトもいない.一方,個体としても細胞としても,その継続性には限界があり,ヒトの生は例外なく"老死"で終わる.細胞及び個体の継続性に限界があること,「ヒトはなぜ寿命をもつのか」を様々な観点から見てみよう.

第 I 章 | *Chapter I*

個体発生と生老死

　ヒトは細胞として生まれ，個体として死ぬ．受精卵の誕生がヒトの生の始まりである．受精卵に始まり個体の死で終わる一生を**個体発生過程**というが，単細胞の受精卵から多細胞の成熟個体が作られるまでの過程を**性成熟過程**，その後の個体の死に至るまでの過程を**老化過程**と分けることもある．

　個体発生過程は，単細胞から多様な多細胞が生み出される**細胞分化過程**でもあり，ヒトとしての特有の形とサイズに仕上がる**形態形成過程**でもある．そして特筆すべきは，個体発生過程は，受精卵として誕生した「生」が「老化」と「死」に向かって一方向的に進む**不可逆的過程**であることに加えて，こうした複雑・多様な変化が，基本的には細胞分裂の継続，すなわち**無性生殖過程**という単純な背景で成り立っていることである（図1）．

1 | 受精卵からの出発

　個体発生過程の出発点である受精卵は単細胞である．単細胞とは言っても，卵細胞と精子細胞との融合（受精）による2種類の

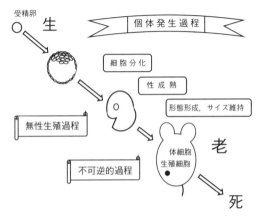

図1 ●個体発生過程の特徴. 図はマウスの絵を模しているが,ヒトにもゾウにも当てはまる.

細胞の合作である.受精に際して,核の遺伝子は母親と父親の両方から半分ずつ受け継ぐが,精子細胞からは核以外(の細胞質と鞭毛)は卵にもち込まれないので,受精卵の細胞質は丸ごと母親の卵細胞に由来する.細胞質に局在するミトコンドリア遺伝子が,母親を介してのみ伝わるのはそのためだ.

卵や精子は卵巣や精巣「で」つくられるのであって,卵巣や精巣「が」つくるのではない.卵や精子をつくるのは**始原生殖細胞**である.始原生殖細胞は,個体発生の初期——卵巣や精巣(生殖巣)ができる以前——に作られる.遠くから生殖巣に到達した始原生殖細胞は,卵原細胞(精原細胞)→卵母細胞(精母細胞)→卵(精子)と変身する.最後の,卵母細胞(精母細胞)→卵(精子)の過程は,「有性生殖」の一部である**減数分裂**という特別な経路である(詳しくは第Ⅳ章1節参照).

第 I 章　個体発生と生老死　　11

　ヒトの卵細胞は卵巣を出て間もなく受精し，分裂を繰り返しながら輸卵管を移動し，胞胚の状態で子宮壁に着床する．着床した胚は母体と共同で胎盤を形成し，母親からの栄養補給を受けながらゆったりと胎児にまで育つ．

　一方，大部分の動物の受精卵は，体外受精するものは言うまでもなく，体内受精するものも受精後早期に体外に放出されるので，個体発生は自力で行わねばならない．その際利用できる栄養物質は，卵に蓄えている「卵黄」しかないので，驚くほど急速に，自力で餌を消化・吸収できる体にまで育つ．

最初の卵割面

　たった一つの受精卵が，どうやって多種多様な細胞に分化するのだろうか．

　受精卵の発生初期に起こる連続した細胞分裂を「卵割」というが，ヒト受精卵の第1卵割は垂直（縦）方向に，第2卵割も垂直（縦）方向，ただし第1卵割面とは直角方向に，そして第3卵割は水平（横）方向に分割する．この順序は，どんなへそ曲がりの人もみな同じだ．受精卵には貯蔵栄養物質である「卵黄」が存在し，一般に下部に多く上部に少ない分布を示す．このような上下軸に沿った偏在があっても，第1卵割で生じた2割球は均質な細胞になる．物質的偏在が上下軸に沿ってあるだけであれば，第2卵割でも均等分配されるので，均質な4割球ができる．実際，第1卵割後の2割球が，それぞれ独立に発生して一卵性双生児になることはよく知られているし，一卵性の三つ子や四つ子の例もある．

しかし第3の水平（横）方向の卵割は，もし上下軸に沿った卵黄の偏在があれば，不均質な割球を生むという意味で，ここが細胞分化の始まりと言えるかもしれない．

　ニワトリ，カエル，ハエなど，卵が体外で自立的に育つ動物では，受精卵にたっぷりと卵黄が含まれるが，その分布は一様ではない．そのため卵割のパターンも多種多様で，受精卵全体が分割されるか（全割），受精卵の限られた領域でのみ分割されるか（部分割）だけでなく，前者の場合にも等割，不等割，螺旋割といった違いや，後者の場合にも盤割，表割などの違いがあり，一概に語ることはできない．

鞭毛虫の縦分裂と繊毛虫の横分裂

　体軸に沿った細胞の分裂面の制御は，秩序だった細胞分裂を必要とする多細胞生物の体づくりには欠かせない仕組みである——はずだ．

　例えば，細胞が分裂して横方向に広がる細胞層をつくったり，縦方向に多重の細胞層を形成したりするためには，分裂面が前者では縦（垂直）方向，後者では横（水平）方向でなければならない．細胞分裂の際，染色体が赤道面に横並びになり，それぞれの染色体が縦列して反対方向に引き寄せられる．仮に赤道面に垂直な方向が前後軸，もしくは上下軸を決めるとすると，多細胞生物の細胞は分裂時の赤道面を状況に応じて自在に決めることができる，ということなのだろうか？

　こういう疑問を感じるのは，ゾウリムシなどの繊毛虫や，クラ

ミドモナスなどの鞭毛虫は、どの細胞も分裂軸が固定されているからである。生物学では一般に、移動方向を前部とみなすが、繊毛虫や鞭毛虫は静止状態でも構造的に前後の区別が一見してわかる。面白いことに繊毛虫の細胞分裂はすべて体軸に直角方向の(前後に分割される)横分裂であるのに対し、鞭毛虫の細胞分裂はすべて体軸に水平方向の(左右に分割される)縦分裂と決まっている。

　ヒトを含む多細胞生物は原生生物と共通の祖先をもつが、祖先形は鞭毛虫に近かったか、それとも繊毛虫に近かったかという大議論が、かつてあった。今では遺伝子情報から、祖先形に最も近い原生生物は襟鞭毛虫であると見なされている。受精卵の最初の縦分裂はその名残りなのかもしれない。

　ついでに言うと、現存する原生生物は、後に登場した多細胞生物では稀となっている、もしくは消失した現象の原始型が保存されている生きた博物館のような存在である。例えば、原生生物の胞子虫類に見られる「多分裂」は、多核状態になったあと、細胞質が一斉に分裂して多くの娘細胞群を生み出す分裂様式であるが、これは昆虫類・クモ類など一部の節足動物に見られる受精卵の「表割」とよく似ている。表割では、まず核だけが繰り返し分裂して多核状態になったあと卵表面に移動し、核を分けるように境界膜がつくられる。

　もう一例。雌雄同体の多細胞生物は少なくないが、同一個体由来の雌雄配偶子が受精する自家受精や自家受粉は限られている。繊毛虫類など一部の原生生物で見られる究極の自家生殖オートガミーは、極めて興味深い有性生殖法で、この先本書で何度も登場する。

14 第Ⅰ部 個体と細胞の「生老死」

2 | 受精卵から分化細胞へ

一卵性の双子や四つ子の事例に示されるように，受精卵は数回分裂した後も，そのうちの一細胞から個体全体を生じうるほどの能力を保持している．このような高度な分化多能性はいつまで保持されるのか，いったん特定機能に分化した細胞が分化多能性細胞に逆転することはできるのか，いつどのように体細胞系列と生殖細胞系列が分岐するのか，どのようなボディ・プランのもとに体細胞系列が様々な細胞・組織・器官を生じるのか，などについて見てみよう．

分化多能性細胞

分化多能性細胞であるヒト受精卵の細胞分化過程で，多能性が保持されるのは**ブラストシスト**（胚盤胞）と呼ばれる時期までと言われる．ブラストシストは受精卵が 5 回分裂して 32 細胞期になったときから 100 個以上から成る細胞塊になって子宮壁に着床するまでの胚とされる（Langman, 1969）．すなわちこの時期の胚は，栄養芽層と呼ばれる 1 層の細胞列に囲まれた腔所に，内部細胞塊（真正の胚）がぶら下がった構造になっている．

1981 年に，M. J. エヴァンスと G. R. マーチンはそれぞれ独立に，マウスの内部細胞塊を体外に取り出し培養し，**ES 細胞**（Embryonic Stem Cell：胚性幹細胞）と呼ばれる分化多能性細胞を樹立した．このことは，望みの分化細胞（組織・器官）を実験室で人為的につ

くりうる道を拓いた．人工臓器の移植といった臨床医学的な応用
だけでなく，細胞分化のメカニズムに関する基礎生物学的な研究
にとっても意義深い．とくに，遺伝子の機能を調べるための様々
な実験的操作を可能にした．例えばある臓器の機能不全マウス胚
に，正常なマウス ES 細胞を挿入して正常なキメラマウスをつく
ることができれば，原因遺伝子の解析が可能になる．また，ある
遺伝子の機能を喪失したマウス胚に，ラットの ES 細胞を挿入し
て異種間キメラをつくって機能の補完を行わせるような実験も可
能になった．

　大多数の研究者が，未分化な分化多能性の ES 細胞から，成体
の様々な分化細胞をつくる研究に邁進した中で，分化細胞を未分
化多能性細胞に逆転（**初期化**）させることを目指したのが山中伸
弥さんたちであった．

　まずは ES 細胞で発現している遺伝子のデータベースを作るこ
とから始め，網羅的にリストアップされた遺伝子群の中から，細
胞を未分化状態に維持する候補遺伝子を約 100 個に絞り込んだ．
逆転の発想の斬新さもさることながら，決定的だったのは候補遺
伝子を絞り込むための巧妙なバイオアッセイ法を構築したこと
だった．詳細はその分野の専門家（例えば黒木，2015）に譲ると
して，最初に注目した約 100 個の候補遺伝子から，24 遺伝子に，
さらに 4 遺伝子に絞り込み，分化細胞を未分化の誘導多能性幹細
胞すなわち **iPS 細胞**（induced Pluripotent Stem Cell）に初期化するこ
とに成功したのである（Takahashi & Yamanaka, 2006）．

　ES 細胞を得るには生きた若い胚を必要とするので，ヒトに応
用するには，例えば体外受精で使われずに残った胚などが使われ

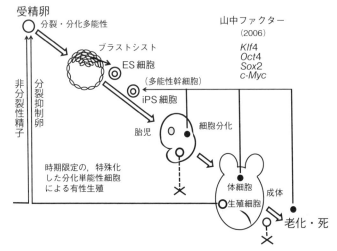

図2 ●マウス・ヒトなど最も新しく進化史に登場した哺乳動物の個体発生過程は，老化・死に向かう不可逆的過程であるが，山中らによるiPS細胞の発見により，人為的な処置によって可逆的に若返らせられることを示した模式図．正規の若返りは，生殖細胞による有性生殖による．

るが，倫理問題を完全にクリアーするのは極めて難しい．それに対しiPS細胞は，自分の体細胞に山中ファクターと呼ばれる四つの転写因子を入れるだけで分化多能性幹細胞を得ることができる（図2）．自身のiPS細胞から作成した組織や器官を自分の体に移植できるため，他者の臓器を使うことによる免疫拒否反応を回避することができるメリットは途方もなく大きい．山中さんがこの業績で2012年にノーベル賞を授与されたのは当然の成り行きであった．

個体発生は老化・死に向かう不可逆的な過程だとされてきたが，

第I章　個体発生と生老死　17

iPS細胞は成人の体細胞からだけでなく老人の体細胞からもつくることができる．その成功確率は小さいとは言え，老化個体というのは個体を作る細胞の機能が一斉に衰えてダメになった状態ではなく，老化細胞でも解除可能な程度に分裂・分化多能性という性質に抑制がかかっている状態だ，ということを教えてくれる．

　老化・死で終わる不可逆的過程である個体発生過程は，iPS細胞に頼るまでもなく，有性生殖によって受精卵に回帰させる可逆過程が用意されている（図2）．この過程を担う特別な細胞——次世代を作ることに特化した細胞——が"生殖細胞"であり，それ以外の細胞を一括して"体細胞"と呼ぶ．生殖細胞系列をジャーム（Germ），体細胞系列をソーマ（Soma）と呼ぶこともある．

　iPS細胞は様々な体細胞から作成することができるのに対し，受精卵をつくることができるのは生殖細胞に限られている．それも個体の一生の特定の時期の生殖細胞に限られている．個体の年齢が若過ぎても，歳をとり過ぎても，生殖細胞は有性生殖に参加できないのである．

　iPS細胞の多能性に比べると，生殖細胞は多能性どころか，卵または精子という配偶子しか作ることができない単能性の細胞である．しかし多能性に注目するなら，iPS細胞に比べるべきは生殖細胞ではなく受精卵であろう．iPS細胞の多能性が，作成効率・機能効率・安全性・安定性など検証されなければならない多くの課題を抱えているのに対し，有性生殖によってつくられる受精卵の多能性は，何億年もの歳月を経て確立した進化の産物であり，比較にならない．

　それにしても，細胞分裂を抑制された状態にある卵と，非分裂

性の精子が融合して受精卵になると，分裂分化多能性の細胞に変わるという不思議はどうだろう．

　有性生殖による初期化と iPS 細胞による初期化とは，一見似ているようだが，根本的に違っている．有性生殖の本質を知る上でも，iPS 細胞が存在することは意義深い．

ショウジョウバエの極細胞の生殖細胞化

　ヒトの受精卵は第 3 卵割（8 細胞期）以降に細胞の不均質性（細胞分化）が生じるのではないかと述べたが，少なくとも子宮壁に着床する時期のブラストシスト（胚盤胞）期の細胞は分化多能性とわかっている．しかしこの時期までの細胞が，細部にわたって全く均質かどうかはわからない．

　動物によっては，例えばショウジョウバエのように，未受精卵の段階ですでに，卵の前後に沿った遺伝物質の偏在があり，このことが胚の前後軸の決定にだけでなく，生殖細胞（ジャーム）系列と体細胞（ソーマ）系列への分化にも寄与することがわかっている．

　ショウジョウバエの未受精卵の前方には**ビコイド**と呼ばれるタンパク質を指令する mRNA が，後方には**ナノス**と呼ばれるタンパク質を指令する mRNA が偏在する．いずれも周辺細胞から供給されたもので，受精した後に，両 mRNA は，それぞれのタンパク質に翻訳される．その結果，受精卵には前方から後方にかけてビコイドタンパク質とナノスタンパク質の存在比率が異なる濃度勾配ができる．

第Ⅰ章　個体発生と生老死　19

　ショウジョウバエの受精卵では核のみが分裂して多核になり，卵表面に移動して表層細胞列をつくる（表割）．このとき，後端の**極細胞**が後方のナノスタンパク質を取り込むと，生殖細胞になる．ナノスタンパク質を取り込めなかった極細胞は，**アポトーシス**（細胞の自殺機構）で死ぬ．ナノスを取り込まなかった極細胞を予め遺伝子操作を行ってアポトーシスに関する遺伝子を働かなくしておくと，その細胞は生殖細胞ではなく体細胞に分化した．ナノスは，極細胞のアポトーシスを抑制するだけでなく，体細胞化をも抑制して，**生殖細胞化**を促すタンパク質であった．この一連の見事な実験を行ったのは，基礎生物学研究所の小林悟さんたちのグループである．

　ナノス遺伝子は進化的に保存された遺伝子なので，ショウジョウバエでの発見がどこまで他の生物にもあてはまるか，今後の展開が待たれる．

ボディ・プラン

　個体発生過程で体の前後軸（頭尾軸），上下軸（背腹軸），左右軸などが決定されていく様子や，外胚葉，内胚葉，中胚葉の分化を経て，生物（種に）特有の構造や形態が出来ていく様子は，基本的には関連する遺伝子がドミノ式に順次発現してゆくパターンとして，多くの動物で詳しく調べられている．

　前項で，ショウジョウバエの卵の前後軸に沿って，ビコイドタンパク質とナノスタンパク質が濃度勾配をつくっていることに触れたが，胚の発生が進むとともに，両タンパク質の濃度バランス

に応じて様々な遺伝子が連鎖反応的に活性化される．例えば初期胚では**ギャップ遺伝子**や**ペア・ルール遺伝子**が活性化され，後期胚では雪崩現象的に**セグメント・ポラリティー遺伝子**や**ホメオティック遺伝子**が活性化されることにより，最終的にショウジョウバエの頭部・胸部・尾部の構造が出来上がる．この流れの大略が，多くの生物に共通にあてはまるのである．

　ここでは**ホメオボックス**と呼ばれる（約60アミノ酸からなるタンパク質をコードする）約180塩基対を共通にもつ**ホメオティック遺伝子群**（*Hox* **遺伝子群**ともいう）が，ヒトとマウスの間ではもちろん，ヒトとショウジョウバエの間でも驚くほど似ていることを紹介するにとどめる．

【ショウジョウバエ】

　　　　　—lab——pb——Dfd—Scr-Antp–Ubx–abdA————AbdB—

【ヒト，マウス】

HoxA　—a1—a2—a3—a4—a5—a6—a7———a9—a10—a11————a13—

HoxB　—b1—b2—b3—b4—b5—b6—b7—b8—b9 ——————————b13—

HoxC　————————c4—c5—c6———c8—c9—c10—c11—c12—c13—

HoxD　—d1———d3—d4——————d8—d9—d10—d11—d12—d13—

　ホメオティック遺伝子群は，上記のように，ショウジョウバエでは八つの遺伝子から，ヒトやマウスでは（別の染色体に位置する）*HoxA* ～ *HoxD* の四つのクラスターに分かれた13の遺伝子群からなる．左から右への遺伝子の配列順序は，胚の前後軸（頭部→胸部→腹部）に沿っての発現順序でもあり，形づくりの遺伝的基

盤である．

　ショウジョウバエとヒト・マウスの遺伝子群には次のような対応関係が見られることから，両者は共通の起原をもつ相同遺伝子群であることがわかっている．

　　$lab \Leftrightarrow 1$ ， $pb \Leftrightarrow 2 \cdot 3$ ， $Dfd \Leftrightarrow 4$ ， $Scr \Leftrightarrow 5$ ， $Antp \Leftrightarrow 6$ ，
　　$Ubx \Leftrightarrow 7$ ， $abdA \Leftrightarrow 8$ ， $AbdB \Leftrightarrow 9 \cdot 10 \cdot 11 \cdot 12 \cdot 13$

　ホメオティック遺伝子群が，ショウジョウバエとヒト・マウスでは相同性があるが，ヒトとマウスでは全く同じというのはどういうことか．「口や目は頭部にある」というボディ・プランは三者に共通で，「一つの口と鼻，二つの目と耳，4本の手足をもつ」というボディ・プランはヒトとマウスで共通である，といったことだろう．ヒトとマウスの形態やボディ・サイズの違いを生む仕組みについては，さらに細かな原理が働いていなければならない．

　この分野の研究は日進月歩の進展を見せている．できれば私自身の手で詳細を語りたいところだが，10 を語るには 100 の知識を持たないとできない専門分野のことは，その道の専門家の解説書（例えば，木下・浅島，2003；倉谷，2015 など）に当たっていただくことをお勧めし，私自身は，ごく基本的な，それでいてあまり問題視されてこなかった観点からの話題に専念させていただく．

コラム❶ ダ・ヴィンチ画の天使の翼

column

　Hox 遺伝子群について学んだとき，ありえないボディ・プランとして，L. ダ・ヴィンチの絵「受胎告知」が頭に浮かんだ．聖母マリアにキリストの懐妊を告げる天使ガブリエルの背中には見事な翼が生えている．鳥の翼は爬虫類の前肢に由来し，ヒトの前肢（腕）とも相同な器官なので，突然変異によって腕が翼に変化するのは，先祖返りとして不可能とは言い切れない．しかし天使ガブリエルの翼は，腕とは独立に背中から生えている．こんなことは生物学的に絶対に不可能なのに，人体構造を熟知しているはずのダ・ヴィンチが，こんな絵を描いたというのが不思議でならなかった．

　ところが最近，ダ・ヴィンチの「受胎告知」をしげしげと眺めていて，自分が大変な誤解をしていたことに気づいた．天使ガブリエルの翼は体から生えているのではなく，着衣に付けた母衣（はろ）（装飾衣装）として描かれていることを知ったのである．よく見ると翼の付け根は体から微妙に遊離していて，翼を体に固定させるために，前方は天使の肩から腕に，後方は天使の腰に，太い紐で結びつけられている．まるで「受胎告知」は架空の話であることを示すべく，天

第 I 章　個体発生と生老死　　23

使ガブリエルと聖母マリアが舞台でドラマを演じている描画ではないかと思えてきた．そのことがよくわかるように，ガブリエルは赤いガウンの片袖を脱いで，見物人に見せつけているように見える．マリアの動作は，演技指導を受けた俳優を思わせる．床に黒く伸びる天使の影は，光源が左側にあることを示しているが，影の位置にある天使の顔と，百合をもつ天使の左手が明るすぎるのが不自然だ．これも，舞台なら天使を照らす自然光を利用したスポットライト装置が隠されているのかも，と想像できる．後方の背景が自然の遠近法と見るには小さすぎるように思えるのも，舞台装置の背景画とみなせば納得がいく．

　　私には，このように解釈する方が，ダ・ヴィンチらしく思えるのだが，素人判断がどこまで通用するかは保証の限りではない．

3 細胞分裂の暴走性：2^n での増加

　先に述べたように，受精卵が個体発生過程で演じる複雑・精妙な事象，——特に細胞分化と有性生殖への準備——は，同じ遺伝子構成をもつ細胞間での，遺伝子発現の違いによることは広く知られているが，細胞分裂の繰り返し（無性生殖）という極めて単純と見える，しかし非常に危険な出来事の上に成り立っていることは，あまり意識されていないように思われる．細胞分裂の基本は1細胞が2・4・8・16・・と倍々で数が増えることであり，この基本的特性は非常に危険な出来事でもある．

　以下，誰もが知っているはずなのに見過ごされがちな，細胞分

24　第Ⅰ部　個体と細胞の「生老死」

裂の暴走的性質に焦点を当て，個体発生過程における無性生殖過程の制御機構の重要性について考えたい．

　卑近な例を挙げてみよう．

　子供に「毎日100万円ずつお小遣いをちょうだい」と言われたら，親は「この子，頭がおかしくなったか」と思うに違いない．では「1円から始めて，毎日倍々で1か月間お小遣いをちょうだい」と頼まれたらどうだろうか．ひょっとすると「なんとしおらしいことを」と，承知してしまうかもしれない．総額が「毎日100万円ずつ」どころか，「毎日1,000万円ずつ」より大きくなること，いや「毎日1億円ずつお小遣いをちょうだい」と頼んでいるのとほぼ等しいことに気づく親がどれだけいるだろうか．

　1円から始めて毎日倍々で小遣いを渡すとしても10日後には約1,000円だ．このあたりまでは，2・4・8・16・32・64・128・256・512・1024と何とか暗算できる．親は，倍々での小遣いは大したことはないと思うかもしれない．まさか20日目には100万円，30日目には10億円になるとは思うまい．

　倍々を10回重ねるということは，$2 \times 2 \times 2 \cdots$を10回繰り返すということであり，$2^{10}$という形で表すことができ，それは$10^3$にほぼ等しい．

　2^Xを10^Yに変えるには，Xに0.3倍するとYになる，という次の近似式が使える．

　　　$2^X = 10^Y$，　$Y \fallingdotseq 0.3X$　・・・・（1）

　2^{10}は正確には1,024であるべきところを$2^{10} \fallingdotseq 1,000$とみなしていることからわかるように，Xを0.3倍して得られるYはあくま

でも概算値である.

2の20乗というのは2の10乗を2回繰り返すこと ($2^{20}=2^{10}\times2^{10}$) で，それは10の3乗を2回繰り返すことと同じ，つまり $2^{10}\times2^{10}=10^3\times10^3=10^6$ （100万）だということである．同様に，2の30乗というのは2の10乗を3回繰り返すことで，それは10の3乗を3回繰り返すことと同じ，つまり $2^{30}=2^{10}\times2^{10}\times2^{10}=10^3\times10^3\times10^3=109$ （10億）だということである．次の（2）式は（1）式と共に本書でこの先頻発するので，敢えて念を押しておく.

$$N^a\times N^b=N^{a+b} \quad \cdots\cdots(2)$$

倍々計算では当然のことだが，2^n の半分は 2^{n-1} であること，つまり（n−1）回目まで延々と倍化して得た値は，n回目のたった1回の倍化で得られる値の半分でしかないことにご注意を．2^{30} の半分は 2^{29} である．29度倍化して得た約5億という値は，30度目のたった1回の倍化で得られる約10億の半分でしかない（ただしこの話は 2^n のときにだけ成り立つのであって，10^n のときには成り立たない．例えば 10^4 （＝10,000）の半分は 10^3 （＝1,000）ではなく，10×10^3 の半分だから 5×10^3 （＝5,000）となる）.

親が渡すべき小遣は，10日後には1,000円，20日後に100万円，1か月後に10億円とわかったが，その額はその日に渡すべき額であって，1か月間の小遣いの総額は20億円近くになるだろう．つまり最終日の1日前には5億円，2日前には2.5億円，3日前には1.25億円・・・が渡されているからだ.

これを大腸菌に当てはめると，大腸菌の1回の分裂にかかる時間は30℃で20分ほどであるから，2日後には144回分裂し，2^{144}

26 第Ⅰ部 個体と細胞の「生老死」

≒10^{43} 個にまで増殖している計算になる．この値が地球の重量を超えると書いた「はじめに」（5頁）での記述は，1個の大腸菌細胞の重さを思い切り小さ目に 10^{-15} g（1,000兆分の1グラム）と見積もっても，10^{-15} g×10^{43}＝10^{28} g は，地球の重量（6×10^{27} g）を超えるという計算だった．もちろん，実際にはそうはならない．単純にそれだけの大腸菌の餌がなく密集状態を容れる生存空間がないからである．

コラム❷ 数の数え方
column

　数の数え方は日本語と英語とが対応していなくて混乱しやすい．日本語の基本単位は万（10^4），億（10^8），兆（10^{12}）・・・と1万倍（10^4）ごとに単位が変わるのに対し，英語の基本単位は thousand（10^3），million（10^6），billion（10^9），trillion（10^{12}），quadrillion（10^{15}），quintillion（10^{18}）・・・と千倍（10^3）ごとに単位が変わる．例えば日本語では 10,000 とか 100,000 という数字を 10千とか 100千とは言わないが，英語では ten thousand とか a hundred thousand という．一方，日本語では 1,000億とか 1,000兆という言い方で単位の千倍を表現できるが，英語では 1,000倍になると単位が変わるので，前者は 100 billion，後者は 1 quadrillion である．

　情報の単位としてバイトが使われるようになってから，1,000倍（×10^3）ごとに変わる別呼称の単位を耳にするようになってきた．例えばキロ kilo–（10^3）の 1,000倍がメガ mega–（10^6）で，その 1,000倍ごとに，ギガ giga–（10^9），テラ tera–（10^{12}），ペタ peta–（10^{15}），エクサ exa–（10^{18}）と単位の呼称が変わる．

　一方，1以下の数については，英語表現がそのまま日本語として

第Ⅰ章　個体発生と生老死　27

使われている．例えば，日常的に使われる長さの単位としてメートル（m），重さの単位としてグラム（g），容積の単位としてリットル（L）について見ると，日・英ともに 10^{-3} ごとに，ミリ milli-（10^{-3}），マイクロ micro-（10^{-6}），ナノ nano-（10^{-9}），ピコ pico-（10^{-12}）をつけて呼ぶ．例えば1メートルの1,000分の1，100万分の1，10億分の1，1兆分の1の長さは，それぞれ1ミリメートル，1マイクロメートル，1ナノメートル，1ピコメートルという．1マイクロメートル（1 μm）のことは1ミクロン（1 μ）ということが多い．μをマイクロではなくミクロンと呼ぶのは長さの単位についてだけで，1,000分の1の重さは1マイクログラム，1,000分の1の容量は1マイクロリットルである．

　10以上の単位についても1の1,000倍（×10^3）がキロ（k）で，これ以上の単位については，×10^6 g（＝1,000 kg）の重さをトン（t）で表す以外は，長さも容積もキロの何倍かで表す．例えば1千万キロメートルとか100万キロリットルといった表現だ．

　それにしても，1万倍ごとに単位の呼称が変わる日本語では，万（10^4）→億（10^8）→兆（10^{12}）のあとはどう続くのだろうか．スーパーコンピューターの登場で兆の1万倍が「京」（10^{16}）であることが知られるようになったが，次の単位が必要になることは目に見えている．私が知らないだけで，すでに決まっているのだろうか．それとも必要に応じて審議されるのだろうか．誰でも提案できるのなら，私は「悠」を提案する．「極」「天」「最」なども悪くないが，すでにある呼称単位と音がダブるので（将棋の局，成績の点，年齢の歳），できれば避けたい・・・とここまで妄想したあと，インターネットで検索して驚いた．江戸時代の『塵劫記』（吉田光由）になんと 10^{68} まで記載されているというのだ．

　→京（10^{16}）→垓（10^{20}）→秭（10^{24}）→穣（10^{28}）→溝（10^{32}）

$\rightarrow$ 澗 (かん) (10^{36}) $\rightarrow$ 正 (せい) (10^{40}) $\rightarrow$ 載 (さい) (10^{44}) $\rightarrow$ 極 (ごく) (10^{48}) $\rightarrow$ 恒河沙 (ごうがしゃ) (10^{52}) $\rightarrow$ 阿僧祇 (あそうぎ) (10^{56}) $\rightarrow$ 那由他 (なゆた) (10^{60}) $\rightarrow$ 不可思議 (ふかしぎ) (10^{64}) $\rightarrow$ 無量大数 (むりょうたいすう) (10^{68})

「不可思議」とか「無量大数」が現実的な問題になるような局面がありうるのだろうか．ゾウの体は約 4,000 兆個の細胞からできていることはすぐ後で言及するが，厖大と思えるこのような数も「京」以下のオーダーである．アヴォガドロ定数として知られる 6×10^{23} という数も辛うじて「秭」に近い値でしかない．地球の重さは約 10^{28} g なので，これは「穣」のオーダーである．宇宙の話ならどうだろう．宇宙の直径はおよそ 150 億光年と言われる．1 光年は 0.94605×10^{13} km すなわち約 10^{16} m なので，その直径はおよそ 10^{26} m となるが，「穣」のオーダーにも達しない．ただし容積として半径の 3 乗倍を想定すると 10^{78} m³ となるので，現実的な問題にするなら「無量大数」の 2 ステップ上までの名称を準備しなければならない．一方，私が調べたカウダーツムというゾウリムシの寿命は分裂回数にして約 600 回だった（56 頁参照）．わずか 600 回と思われるかもしれないが，もし仮に倍々で 600 回分裂したとすると，その総数 2^{600} は約 10^{180} となり，「無量大数」の上に 28 ステップもの呼称を準備しなければならなくなる．いずれにしても，我々が現実には必要としないような数字を考え，それに呼称を与えた人がいたということに，私は驚嘆の思いで敬意を表したい．

第Ⅰ章　個体発生と生老死　29

4 ｜ 暴走的細胞分裂の制御

ヒトは何個の細胞からできているか?

私たちヒトの体は何個の細胞からできているのだろうか?

人それぞれの正確な細胞数を言うことは不可能だが, いくつかの仮定のもとに, 大雑把な推定値でよければ, 次のように計算することができる.

まず, ヒトの体は細胞だけでできていて, 細胞以外の要素は無視できるとする. 次に, 現実には個々の細胞のサイズは一様ではなく, 一方で直径数ミクロンの血小板の細胞があり, 他方で長さ1メートルにも達する神経細胞があるといった具合だが, 大胆に平均して, すべての細胞は一辺10ミクロンの立方体 (10立方ミクロン: $(10 \mu)^3$) とみなせるものと仮定する. 細胞の比重は1とみなす.

以上の仮定が問題なければ, 計算は難しくないが単位を揃える必要がある. 比重が1で容積1立方センチメートル (cm³) の物体の重さが1グラム (g) なので (重さ＝容積×比重), 図3のような計算から, 細胞1個の重さは 10^{-9} g となる.

この細胞が何個集まれば, 例えば60 kg の体重になるかを計算すると, 図3に示したように 6×10^{13} 個すなわち60兆個となる.

生物学のテキストに「ヒトの体は約60兆個の細胞からできている」と書かれているのはこういうわけである. 計算からは, 体重40 kg の人なら40兆個, 100 kg の人なら100兆個ということに

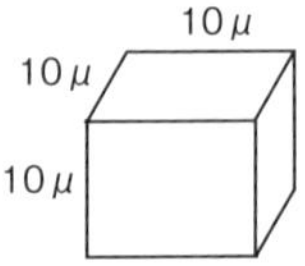

30 　第Ⅰ部　個体と細胞の「生老死」

10μ　　10μ　　10μ

$(10\mu)^3$
$= (10 \times 10^{-4}\,\text{cm})^3$
$= 10^{-9}\,\text{cm}^3$
$= 10^{-9}\,\text{g}$（細胞の比重 $\equiv 1$）

体重60 kgのヒトの細胞数 N は

$$10^{-9}\,\text{g} \times N \;=\; 60\,\text{kg}$$
$$=\; 6 \times 10^4\,\text{g}$$
$$N \;=\; 6 \times 10^4 / 10^{-9}$$
$$=\; 6 \times 10^{13} \quad （60兆個）$$

図3 ●ヒト細胞の容積の見積もりと，60 kgのヒトの細胞数の求め方

なるが，生物学では種を代表する「ヒト」を個別の「人」と書き分けることがよくあるので，「ヒト＝平均的な人」と読めばよい．

　ところで 60 兆個の細胞はどうやってできたのか？　「細胞は細胞から」の原則に従い，元をたどると，1 個の細胞すなわち受精卵にたどりつく．受精卵が細胞分裂を繰り返すことによって 60 兆個の細胞からなる体が作られたことは疑いないが，「どのようにして？」という実際のプロセスはわかっていない．ここでは受精卵が倍々分裂を何回繰り返すと 60 兆個に達するかを考えてみる．

　前節で見たように，倍々で 40 回分裂すると約 1 兆個（$2^{40} \fallingdotseq 10^{12}$）になり，50 回分裂すると約 1,000 兆個（$2^{50} \fallingdotseq 10^{15}$）になる．40 回分裂で達した 1 兆が倍々で増えると，2 兆，4 兆，8 兆，16 兆，32 兆，64 兆となるので，約 60 兆個になるのはおよそ 46 回分裂と

いうことになる．もちろん実際には，そう単純な話にはならない．

この計算は，$N^a \times N^b = N^{a+b}$ を使って $2^{46} = 2^6 \times 2^{40} = 64 \times 10^{12}$ とし，64 兆とみなしてもよい．ところが $2^X \fallingdotseq 10^Y$（$Y \fallingdotseq 0.3X$）を使うと，$2^{46} \fallingdotseq 10^{14}$ となり約 100 兆個になってしまう．同じ 2^{46} なのに，計算の仕方により約 60 兆にも 100 兆にもなるのは，数字が大きくなるほど $2^X \fallingdotseq 10^Y$（$Y \fallingdotseq 0.3X$）の計算法は大きな誤差を生んでしまうからだ．実際には，この程度の誤差は問題にもならない．

コラム❸ ゾウリムシの変身

column

次のような手品を見たら，驚かずにはいられないだろう．透明の密閉されたガラス容器の中に精巧に作られた美しい人形が一つある．黒い布をかぶせて一定時間後に布を取ると，全く同じ人形が二つに増えている！　人形ではなく生物，例えばリンゴであっても，一定時間後に二つに増えていたらやはり驚くに違いない．しかしマウスだったら，数日後に 1 匹が 2 匹に増えていたとしても，最初のマウスはお腹の中に赤ちゃんがいたのだと納得するだろう．それにしても母親そっくりの体型をしたマウスが，母親の体の中でどのようにしてつくられたのかと考えると，これはやはり手品のような不思議ではなかろうか．

私は現役時代にこのような手品を毎日のように見ていた．ただし容器の中身は人形よりもはるかに精巧につくられた生きたゾウリムシである．1 匹のゾウリムシが数時間後には 2 匹に増えているのである．2 匹目は何を材料に，どうやって作られたのだろうか？　ゾウリムシ細胞に限らず，一つの細胞が，一定時間後に，同じ二つの細胞に増えている，という現実に驚かずにいられるだろうか？

あるとき，この秘密の仕組みの一端を見た思いがした．

実験室でゾウリムシを飼育するには，餌としてバクテリアを用いる．植物浸出液（レタスジュースや小麦若葉粉末の煮出し汁）の希釈液中に，白金耳という耳かき棒のような柄の先に，寒天培地から一掬いしたバクテリアを導入して 30℃に置いておくと，翌日には飽和密度に達する．バクテリアが飽和密度に達したフラスコ入り培養液に，ゾウリムシを数匹加えると，日を追ってゾウリムシが倍々に増えていく．飽和密度のバクテリアを含むフラスコ培養液は，最初は泥水のように濁っているが，ゾウリムシが増えるにつれて泥色が薄くなり，ゾウリムシが飽和状態になると薄黄緑色の透明な液に変わる．この色の変化を見て「あっ，バクテリアがゾウリムシに変わった！」と声をあげたことを思い出す．私たちが毎日食べる食物が，私たちの体を作っているというのは，誰もが知っている当然のことなのであるが，バクテリアがゾウリムシに変身していく様子を目の前で見ると，餌を食うということは，「餌を自分の体に変えること」だと，しみじみと実感できる．

この感動の延長で，飽和密度の時のバクテリアの数を数えてみたところ，ミリリットル当り約 1 億（10^8/mL）匹であった．その量のバクテリアを含む培養液中で，ゾウリムシはミリリットル当り約 1,000（10^3/mL）匹の密度にまで増えた．一方ゾウリムシが飽和密度（10^3/mL）にまで増えたとき，バクテリアの密度はミリリットル当り約 10 万（10^5/mL）匹に減っていた．つまりゾウリムシが 1,000（10^3）匹に増える間に，バクテリアはゾウリムシに食べられて 1 億（10^8/mL）匹から 10 万（10^5/mL）匹に減ったということである．$10^8 - 10^5$ を 10^3 で割り算すると $10^5 - 10^2$ となり，10^2 は 10^5 に比べて無視できる数なので約 10^5 となる．つまりゾウリムシ 1 匹分はバクテリア 10 万（10^5）匹に相当する．言い換えれば，10 万匹のバクテリアが 1 匹のゾウリムシに変身したということだ．

第 I 章　個体発生と生老死　　33

　この話には続きがある．あるとき，餌がゾウリムシに変身しきっ
て薄黄緑色になったフラスコをそのまま 1 週間以上放置しておいて
しまったことがあった．フラスコを手にすると，カルチャーが薄い
泥色に変色している．調べてみるとバクテリアが増えていることが
わかった．日常用語でコンタミ（contamination）と呼んでいる空
気中のバクテリアの混入かと思ったが，フラスコはコンタミの起こ
らない仕様になっているし，仮に空気中のバクテリアが混入したと
しても薄い泥色になるまで増やすためのバクテリアの餌はないはず
だ．そこでフラスコの中で何が起こっているのかを調べるため，長
期間，同じフラスコでのゾウリムシとバクテリアの mL 当りの数の
変動を調べた．

　ゾウリムシが 1 匹当り 10 万匹のバクテリアを食べて 10^3/mL の
飽和密度になっているフラスコには，バクテリアは食べ尽くされて
0 匹になっているかというと，そうではなく，ゾウリムシ 1 匹当り
10 万匹未満のバクテリアがいることを意味する．10^5/mL 未満のバ
クテリアはゾウリムシが分裂するには不十分な量であって，この状
態が 1 週間以上続くとゾウリムシは飢餓死する．死体となったゾウ
リムシは，今度はバクテリアの餌となってバクテリアの数が増えて
いく．その数がゾウリムシ当り 10 万匹以上になると，またゾウリ
ムシの餌になる．このように，同じフラスコ内で数週間にわたって
ゾウリムシとバクテリアの数が周期的に変動する様子を実際に観察
することができた．捕食者と被食者という関係は絶対的なものと思
っていたのが，バクテリアがゾウリムシを食べるということもあり
うるのだという生き物のダイナミックな関係を学ぶことができた．
実験科学の世界ではよくある話だが，失敗が思いがけない発見につ
ながるというささやかな体験談である．

　バクテリアのゾウリムシへの変身は目の前で観察できたが，考え
てみればヒトの遥かな祖先はバクテリアである．ということは，観

察している私自身も，バクテリアが何十億年もかけて変身した姿なのか，と感慨に耽った．

この写真（原版はカラー）は，10年ほど前に友人の写真家木下久雄さんが京都・賀茂川で撮影されたもので，川魚オイカワを咥えた鷺の横で，仲間のオイカワがジャンプしている二つの瞬間が見事に捉えられている．ゾウリムシの変身の話が思い起こされ，愛蔵している．

　　　　オイカワや　やがて友喰う　鷺と化す

ヒトはなぜゾウのサイズにならないのか？

これまで見てきたように，細胞分裂は暴走的なキャパシティーを有する．キャパシティーだけを思えば，地球サイズのヒトがいても不思議ではない．仮にヒト細胞が120回ほど連続的に分裂したら，その細胞集団の重量（10^{-9} g×2^{120}＝10^{-9} g×10^{36}＝10^{27} g）は地

球サイズ（6×10^{27} g）に近くなるからである。

　しかし，現実のヒトの体重はせいぜい 40 kg 〜 280 kg の範囲であり，ゾウでも 900 kg 〜 7,000 kg の範囲に留まっている。ヒトの上限は，元大関小錦の体重（275 kg）から，ゾウの上限は，「サタオ」と名付けられたアフリカの巨大象の体重（7 t）からの値である。

　二つの体重の変動域を隔てる中間領域には，ヒトとゾウの違いを区分する立入り禁止の境界領域がなければならない。仮に 60 kg のヒトの全細胞が一斉にあと 4 回分裂すれば 960 kg というゾウの領域に入ってしまう（$60 \to 120 \to 240 \to 480 \to 960$）。240 kg のヒトなら，あと 2 回だ。ヒト・ゾウ間の境界領域は意外に狭い。

　先に，体重 60 kg のヒトの体重と細胞数から，1 kg 当りの細胞数を 1 兆個とみなした計算が，マウスにもゾウにも当てはまると仮定すると，4,000 kg（4 t）のゾウの体は，約 4,000 兆個の細胞からできていることになる。同様に，マウスの体重を約 30 g と見積もると約 300 億個の細胞からできていることになる（図 4）。

　マウスもヒトもゾウも元は受精卵という 1 個の細胞である。1 個の細胞が 300 億，60 兆，4,000 兆という数に増えるのは，100% 無性生殖（細胞分裂）に依存している。細胞分裂イコール倍々分裂ということではないが，仮に倍々分裂の繰り返しだとして，何回の細胞分裂でマウス・ヒト・ゾウの細胞数に達するかを計算してみた。n 回分裂後の細胞数が 2^n であることを利用するために，図 4 ではマウスとヒトの細胞数を 320 億と 64 兆と読み替え，ゾウは 4,000 兆のままで計算している。マウス・ヒト・ゾウは，それぞれ 35 回・46 回・52 回という分裂回数でそれぞれの細胞数（体重）に達することがわかる。現実には，数回で分裂を止めてしま

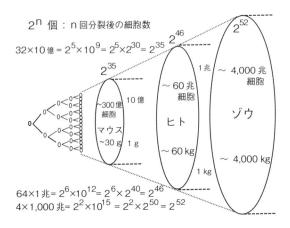

図4 ●マウス，ヒト，ゾウの体重，細胞数と，受精卵から倍々型分裂でそれぞれの細胞数になったと仮定したときの細胞分裂回数．

う細胞もいれば，しばらく分裂を停止したのちに娘細胞の一方だけが分裂を再開するような細胞もいるので，この計算はあくまでも仮定の話である．

図4で注目すべきは，三つの円の上下端に平行線で示した「サイズの平衡状態」の維持である．マウス・ヒト・ゾウはどれも同じように，1個の受精卵から，あの暴走的な無性生殖過程を経ながら，なぜかくもサイズの異なる動物として安定しているのか．なぜマウスはヒトサイズにならないのか，なぜヒトはゾウサイズにならないのか．

細胞が分裂を繰り返して地球サイズの数になるという事態が生じないのは，単純に「それだけの餌と空間がない」ことによるという説明をしてきたが，ヒト成人の体は受精卵がおよそ46回の

細胞分裂をして 60 兆個の細胞になった時点で餌が枯渇したから分裂が止まっているのだろうか.

　我々の体をつくるすべての細胞は, 血管を通じて絶えず「餌」が提供されている. 典型的な例を挙げると, 血管の内側表面を覆う内皮細胞は, 餌さえあればという条件なら十分すぎるほどに満たされているが, 絶えず分裂を続けているわけではない. それどころか, 血管の中を浮遊している赤血球や血小板は, 豊富な餌の中にいるにもかかわらず, 分裂しない細胞として, つくられては一定時間後に死んでいく. 細胞は分裂を繰り返すことによって体を作るのではなく, 絶えず作られては死んでいくというプロセスを若い時期から繰り返しながら, 生成が死滅を上回るか, 両者がバランスを得て平衡状態になるか, 死滅が生成を上回るようになるかという変化をたどっていると言えよう.

　これまで細胞分裂と言えば倍々分裂とみなしてきたが, 倍々分裂だけが細胞分裂の様式であれば, 細胞数の平衡状態が保てるはずがない. 遅ればせながら, 細胞分裂には四つのパターン (分裂様式) があることに目を向けよう.

四つの分裂パターン

　細胞分裂の様式としては, 以下の四つのパターンがある (しかない).

　　① 〇→〇+〇 型 (A-AA 型)
　　② 〇→〇+□ 型 (A-AB 型：A-AC, A-AD・・・)

38 第Ⅰ部　個体と細胞の「生老死」

③　○→□＋□ 型　（A-BB 型：A-CC，A-DD・・・）
④　○→□＋△ 型　（A-BC 型：A-CD，A-BE・・・）

　これまで見てきた倍々型の分裂様式というのは，親細胞が，親と同じ能力をもつ二つの娘細胞を生じる①の分裂様式である．

　②〜④の分裂様式は，分裂で生じる娘細胞が，親と同じか異なるか，娘同士が同じか異なるかのすべての組み合わせを代表している．このうち②の「娘細胞の一方は親と同じで他方はそれとは異なる」分裂様式を"幹細胞型"と呼ぶことがある．

　○・□・△の記号だと，親との関係と娘同士の関係が視覚的に明瞭ではあるが，例えば○→○＋□ 型で，様々な分化細胞を表現するには□だけでは足りず，○→○＋△や，○→○＋◎や，○→○＋●などと表示する必要があり，たちまち記号が足りなくなる．その点アルファベット表記だと，A-AB，A-AC，A-AD 等々と表示でき，B・C・D・・・は細胞の機能の違いや形態の違いだけでなく，何回分裂できるかとか，何日生きられるかなど，どんな違いでも構わない．という次第で，以後，専らアルファベッ表記法を用いる．

　以下の三つの図で，A-AA 型の分裂様式が他の 3 型の分裂様式に変わることによって，細胞分化，一定細胞数の維持，個体の形づくりなどに貢献できることを示す．

　まず図 5 に，A-AA 型分裂様式が，生存能の異なる細胞を生じる A-AB 型の分裂様式に変わることによって，毎日一定の細胞数が維持されるようになることを示す．例えば娘細胞の一方が幹細胞として残り，他方が非分裂性の細胞で 1 日だけ生きられるよう

第Ⅰ章　個体発生と生老死　39

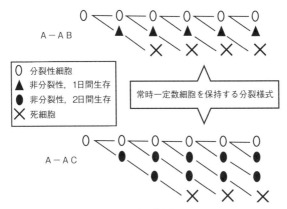

図5 ●毎日一定数の細胞が維持される分裂様式.

な分裂様式（A-AB）だと常時2個の細胞が保持される（図5上）．娘細胞の一方が非分裂性の細胞で2日生きられるような分裂様式（A-AC）だと，常時3個の細胞を保持し続けられる（図5下）．ここには示していないが，多様な限定的分裂能や生存能をはじめ，様々な機能を担う分化細胞など，A-AD，A-AE，A-AF・・・等々の分裂パターンを導入することによって，多細胞個体の複雑な細胞構成に近づけることができる．

　次に図6に，分化多能性の1個のA細胞が，わずか5回分裂する間に，A-AA型分裂を続けた場合と，他の3型の分裂様式をとった場合とで，細胞集団の全体像がどの程度変わりうるかを，模式的に表現してみた．

　A-AA型の分裂を5回続けると32個の分化多能性の均一な細胞塊ができる．図6左はそれを平面の模式図として，最外側に一

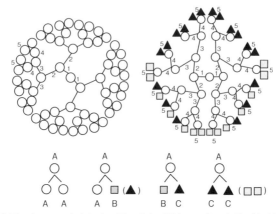

図6 ●分裂パターンの変化による形の変化（最初の1個の細胞（中央）が5回分裂後に取りうる最外側の形と細胞の配列パターンに注目）

列の均質細胞として表した．図6右は，A-AA型の他に，A-AB型（A-ACと同等），A-BC型，A-BB型（A-CCと同等）の分裂パターン（○：A，□：B，▲：C）が加わることにより，左右対称形の凹凸のある立体形を生じえることを示している．

A-AA型のあとにA-BB型の一つであるA-DD（Dは自殺細胞）が続くことにより，自殺機構（アポトーシス）による形態形成が起こる．例えば胎児の足指がつくられるとき，将来指になる部分の間の細胞（指間細胞）を自死させることにより，残った部分が5本の指になる（図7）．

丸太から仏像を彫りだすように，不要な部分を削り取ることでの形づくりは，成体になって初めて見られる現象ではなく，胎児のときから行われていることにご注目いただきたい．細胞は分裂によって増えることも重要だが，細胞が死ぬということも，体作

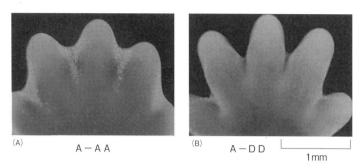

A：明るく斑点状に染色されている細胞がアポトーシスによる死細胞.
B：1日後の像.

図7 ● 指間の細胞が自殺機構（アポトーシス：Apoptosis）により死ぬことによってマウス胚の足指が形成される（Development. 2000, Vol.127, p.5248. Fig.2 より転載）

りにとって欠かせない機能なのである．

　第1章でのここまでの考察から示唆されることは，受精卵に始まる個体発生過程は細胞分裂によって数が増えることが基本であるが，ヒトにはヒトの，ゾウにはゾウの分裂限界が無ければならないということである．それは単純には，A-AA型の分裂様式がA-AB型（Bは例えば分裂停止細胞）の分裂様式に変わることで果たされる．細胞は必要に応じて，アポトーシスによる自死を導くA-DDの分裂様式をもとりうることからすると，細胞死や細胞寿命といった形で細胞分裂の暴走性に抑制をかけることはさほど難しいことではないのかもしれない．

　すると今度は，細胞はいつ分裂を停止すべきか，もしくはどう

いう時に分裂様式を変えるべきかという問題，言い換えれば，細胞はいかにしてそのタイミング（時間または置かれた状況）を読んでいるのかという疑問が生じる．

　実は，私が大学院で始めた最初の研究テーマは，「ゾウリムシは如何にして性成熟のタイミングを計っているのか？」というものだった．ゾウリムシにとっての性成熟に必要な時間は，日数の経過か，それとも分裂回数か，という問題に置き換えて，どうやら分裂回数らしいということで修士論文を書いたのだが，「どうやって？」という問題は未だに解決できていない．

　次の第II章では，細胞にとっての時間に関係する問題を取り上げる．

第Ⅱ章 │ *Chapter II*

個体の寿命と細胞の寿命

　ヒト個体が寿命をもつことは，古今東西，過去も現在も，一つとして例外のない現象である．では個体を構成している細胞はどうだろうか？　例えばヒトが死んで呼吸が止まり心臓が拍動しなくなっても，爪や髪の毛が延びるといった現象は古くから知られていた．もしかすると，細胞は本来寿命を持たずに無限に生きることができるのに，個体の死に無理心中させられているのではないか．

　この問いは，「個体の束縛から解放された細胞の分裂能は有限か無限か？」という大問題として 20 世紀初頭の人々の熱い関心を集めた．以下，この問題がどのように展開していったかについて紹介しよう．

1 │ 多細胞個体から解放された細胞の寿命

　細胞が生き続けるかどうかを調べるには，個体から体外に取り出した細胞を生かす方法，今で言う細胞培養ができないといけないが，当時そういう技術はなかった．

44 　第Ⅰ部　個体と細胞の「生老死」

　1907 年に R. E. ハリソンが，カエルの神経細胞を，体外で生き
た状態で保持することに成功したのが，細胞培養の始まりとされ
る．彼の考案した培養法は，薄いカバーグラスに，リンパ液の小
滴に閉じ込めた神経細胞をのせ，これを凹みのある厚手のスライ
ドグラスにかぶせるという「懸濁培養法」であった．彼はオタマ
ジャクシの脊索からとった神経細胞から神経線維が伸び出すこと
を観察し，当時の常識（神経細胞の突起は，周囲の組織が作り出し
たものが神経細胞にまとわりついているとされていた）を見事に払
拭したのである．残念ながら，材料が神経細胞だったので，体外
での細胞分裂を見ることはできなかった．

　1912 年には A. カレルが，生体外でニワトリの表皮細胞を無限
に増殖させ続けられるとの考えを示した．当時すでに，生体外で
の細胞の増殖は可能にはなっていたが短命で，3 日〜15 日で増
殖速度の低下と完全停止が起こっていた．カレルは培養方法を改
善し，ニワトリ胚由来の結合組織を 2 か月以上にわたって（一部
は 85 日間も）活発に生かしつづけることに成功した．改善のポイ
ントとして，培養液を頻繁に交換し代謝産物を取り除くこと，無
菌操作を行うこと，培養液としてニワトリ胚の抽出液を用いるこ
と，などを挙げ，事故さえなければ無限に増殖可能であるとの見
解を示した．カレルは血管縫合術と臓器移植の仕事で 1912 年に
ノーベル賞をもらった有名人だったこともあり，彼の考えは広く
信じられた．しかし後に，表皮細胞不死説は間違いとわかった．

　1943 年には W. E. アーレによって，哺乳類で初めて細胞の不死
性が示された．材料は C3H 系マウスから分離した皮膚由来の細
胞であるが，培養中に薬剤処理を受けて形質転換を起こしており，

第Ⅱ章　個体の寿命と細胞の寿命　　45

正常マウスに移植すると腫瘍を形成した．このようなガン化の一歩手前の細胞を株細胞と呼ぶが，アーレの報告は，哺乳類の株細胞が無限増殖能を有することの最初の報告であった．

1951年に初めてヒト細胞での不死性が確立された．医師のG. O. ゲイが，H. ラックスという女性患者の子宮頸癌の細胞をとって培養し，彼女の名前の頭文字をとって**ヒーラ（HeLa）細胞**と名づけた．今でも世界中で培養し続けられている有名な無限増殖性細胞である．その後たくさんのガン細胞の培養が成功して，どれも無限に増え続けたことから，20世紀の半ばごろは，「細胞は潜在的に不死である」という認識が常識になっていた．

ところが1961年に革命的な論文が発表された．L. ヘイフリックとP. S. ムアヘッドの，「正常な2倍体細胞は，約50回分裂の細胞寿命をもつ」という内容の論文である．株細胞やガン細胞のような「異常な」異数体のヒト細胞は無限に分裂できるが，「正常な」2倍体のヒト細胞は**分裂限界**をもつという話で，**細胞寿命**という概念が一躍注目を集めるようになった．私事ながら，この論文は，私が大学院に入って研究室の論文紹介ゼミでたまたま最初に取り上げた論文として忘れられない思い出がある．

なぜヒト正常細胞が寿命をもつのかの理由について，1984年に解明の手掛かりとなる重要な発見があった．**テロメア**と**テロメラーゼ**の発見で，研究材料はゾウリムシと同じ繊毛虫類（ただし属は異なる）のテトラヒメナである．発見者であるE. H. ブラックバーンは2009年に，他の二人の貢献者とともにノーベル医学生理学賞を受賞した．

原生生物のテトラヒメナから脊椎動物のヒトにいたるまで，直

46 第Ⅰ部 個体と細胞の「生老死」

鎖状の DNA の両末端にはテロメアと呼ばれる塩基の繰り返し配列がある．ヒト細胞の DNA の両末端には 5' から 3' に向かう (TTAGGG)n という繰り返し配列が約 1 万塩基対ほどあるが，体細胞分裂で DNA が複製されるたびに，その両末端が少しずつ短くなり，テロメア長がある限度以下になると細胞分裂ができなくなることがわかった（Harley et. al., 1990）．テロメラーゼという酵素があると，その働きでテロメアの短縮が抑えられるが，ヒトの正常な体細胞にはテロメラーゼが存在せず，ガン細胞には存在する．正常細胞では抑制されているテロメラーゼ遺伝子の発現が，ガン細胞では抑制されなくなっていることを示している．

「いのちの回数券」とも言われたテロメアの短縮現象は，老化・死のメカニズムを説明する決定的な原理と思われた．

大腸菌などバクテリアの DNA は，直鎖状ではなく環状であるため末端が存在しない．バクテリアが無限に分裂できるのは，DNA 末端の短縮が起こらないためなのか，といっとき興奮に駆られたことを思い出す．

しかし多くの細胞でテロメアの研究が進むうちに，テロメアが短縮していないのに，あるいはテロメアが延長しているのに，老化・死が免れない事例が知られるようになり，結局は一筋縄ではいかない生物世界の不思議に引き戻されたのであった．実は，老化過程でテロメアの短縮が起こらないことが最初にわかったのがヨツヒメゾウリムシであり，それを発見したのが他ならぬブラックバーンその人であった（Gilley & Blackburn, 1994）．

図8 ●ウッドラフ（左）とソネボーン（右）

2 | 単細胞生物ゾウリムシの寿命

「細胞に寿命はあるか？」との問いに対し，多細胞生物の細胞を体外に取り出して培養することは不可能に思えた20世紀初頭でも，単細胞の原生生物についてなら調べることができた．実験動物として当時すでに世界中で飼育されていたゾウリムシの寿命が注目されたのは自然の流れだったと言えよう．

「ゾウリムシは寿命をもつか？」つまり「ゾウリムシは無限に細胞分裂を繰り返すことができるか？」という問題に最初に挑戦したのがイエール大学のL. L. ウッドラフで，1907年にフタヒメゾウリムシ *Paramecium biaurelia* の培養を始めた．1907年というのはR. E. ハリソンがカエルの神経細胞の培養に成功した年で，当時「細胞の分裂能」という問題がいかに重要なテーマであったかを感じさせる．

48 第 I 部 個体と細胞の「生老死」

　ウッドラフは 1940 年までの 33 年間培養を続け，その間約 2 万
回の分裂を重ねたけれども，一向に衰える様子はみせず，この先
もいくらでも分裂し続けられそうだということで，このゾウリム
シは不死である，ゾウリムシは寿命をもたない，と結論した．当
時このゾウリムシは"メトセラ・ゾウリムシ"というニックネイ
ムで呼ばれたそうだ．旧約聖書に出てくる 969 年生きたというメ
トセラ，不老不死の代名詞として使われているメトセラの名が冠
せられたのである．

　しかしウッドラフの結論は 1954 年に T. M. ソネボーンによって
否定された（Sonneborn, 1954）．ソネボーンはウッドラフが使って
いたフタヒメゾウリムシを入手し，新たにヨツヒメゾウリムシ P.
tetraurelia も使って，注意深い飼育・観察を行ったところ，飢餓状
態になったときに単一の細胞で起こる**オートガミー**という特異な
有性生殖を発見した．

　オートガミーが起こらないような条件で飼育すると，どちらの
ゾウリムシも，一定の分裂回数を経たのち死を免れなかった．す
なわち有性生殖のあとの無性生殖過程には，分裂限界という細胞
の寿命がある，ということだ．ウッドラフは，オートガミーとい
う有性生殖を見逃していたために，オートガミーのたびごとに起
こる世代交代を見逃していたことになる．

　ゾウリムシには**大核**と**小核**と呼ばれる 2 種類の核が常在し（「核
の二型性」と呼ばれる繊毛虫類に共通の特徴），大核は通常の生活機
能全般を担う「栄養核」，小核は生殖機能に特化した「生殖核」
である．オートガミーが起こると大核が崩壊し新しい大核が小核
から作り直される．この作り直しの過程は，単一の細胞（したがっ

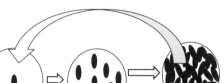

図9 ● ウッドラフとソネボーンによるゾウリムシの二通りの培養法

て単一の性)での小核の減数分裂と，減数分裂産物の融合(受精に相当する)を伴う．発見者のソネボーンはそれを有性生殖とみなしたのに対して，雌雄性を伴わず，オートガミーを繰り返しても原則的に遺伝子型が変化しないことから，有性生殖とみなすことに否定的な意見が少なくない．この論争は本書での重要なテーマの一つであり，詳細については後述する(図21参照)．なお，オートガミーには自家生殖という和訳があるが，本書ではこの先もオートガミーで通す．

　同じくゾウリムシを材料に使いながら，寿命の有無について正反対の結論がもたらされたのは，ゾウリムシの飼い方が違ったからだ．ソネボーンの飼い方は「単離培養」という培養法で，培養皿に1匹だけゾウリムシを入れておいて，翌日何匹に増えたかを数え，例えば8匹になっていたら3回分裂したと記録して，ここから1匹をとりだして新しい培養皿に移すという操作を毎日繰り返した(図9)．

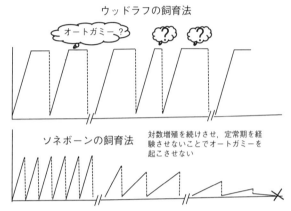

図10 ●定常期に植継ぎを行ったウッドラフの飼育法（上段）と対数増殖期に植継ぎを行ったソネボーンの飼育法（下段）の比較．図の縦軸は対数目盛での細胞数，横軸は普通目盛での時間（日数）．「？」はオートガミーの可能性を示す．

 それに対してウッドラフは，培養皿に1匹だけゾウリムシを入れて1週間ほど経ってから新しい培養皿に1匹を移すという培養法だった．この間に約10回分裂して1,000匹ほどに増えて餌が食い尽されたら単離するという方法だ．

 ゾウリムシの増殖曲線を対数目盛で描くと図10のようになる．直線的に増加する時期を対数増殖期，餌が少なく（飢餓状態に）なって細胞数が横ばい（一定）になる時期を定常期という．ウッドラフの飼い方は，定常期になってから1匹を新しい培養液に移す方法だ．

 この条件はオートガミーを許すことになり，結局世代交代を繰り返して，親から子へ，子から孫へと移っていく系統を見ていた

第Ⅱ章　個体の寿命と細胞の寿命　　51

ので，いつまでたっても死なないように見えていた，ということだった（図10上）.

　それに対してソネボーンの飼い方は対数増殖期の間に新しい培養液に移すという飼い方だ．この飼い方はゾウリムシを常に対数増殖期におくことで，2分裂のみを許し，オートガミーを起こさせない飼い方である．そうすると，次第に分裂速度が落ちて行って，増殖曲線の傾斜が緩やかになり，最後は立ち上がれなくなる，すなわち死んでしまう（図10下）.

　餌がなくなった定常期に起こるオートガミーという有性生殖に気付いたかどうかが，両者の結論を分けた.

　ソネボーンは，オートガミーという有性生殖を発見したことに加え，オートガミーという有性生殖が起こると，若返りをもたらす世代交代が起こること，さらには有性生殖後の無性生殖過程には**寿命（分裂限界）**がある，という画期的な発見をしたのである．この発見は1954年のことで，当時は多細胞生物の培養系では，細胞には寿命がないというのが常識であった時代である.

　ヘイフリックらが正常なヒト細胞には寿命があると報告したのは1961年だったので，20世紀後半になって初めて，ヒトでもゾウリムシでも細胞には分裂限界という形の寿命があるのだと認識されるようになった.

　この分裂限界のことは"ヘイフリック限界"と呼ばれているが，私は"ソネボーン限界"と呼ばれるべきだと思ってきた．というのは，ヘイフリック限界は，成人の体を作る正常細胞は，あと約50回分裂しかできないことを示したのであって，「有性生殖後の分裂限界」を意識したものではなかったからだ．しかしその後の

研究で，細胞培養を開始する際の細胞が，胎児由来か，若者由来か，成人由来かによって，ヘイフリック限界が次第に短縮することがわかり，ソネボーン限界の普遍原理を支持するかたちになってきた．

　私は大学院修士課程2年生時の1968年に，ソネボーンさんに直接お会いしている．東京での国際遺伝学会に招かれたソネボーンさんが，会議のあと京都に私の指導教官である三宅章雄さんを訪ねてこられた．様々な用件で来日した海外の研究者が京都を訪ねることは多く，そういう客人を京都観光に案内することが院生にとっての仕事であり楽しみでもあった．ところがソネボーンさんは，京都は初めてであったのに「それよりも君たちがどんな研究をしているのかを知りたい」と，急遽臨時のセミナーになった．三宅門下生4人は，いずれも研究を始めて数年の院生で，語るほどの大した成果はないが，ソネボーンさんは，準備なしの下手な英語に，ゆっくりと何度も質問を繰り返しながら辛抱強く耳を傾け，一人ひとりにアドバイスを下さったのであった．

　初めて訪問する異国でのわずかな日程を割いて，大家中の大家にもかかわらず自らの呼びかけで駆け出しの院生の話に耳を傾けようとしたソネボーンさんを思い出すたびに，私の胸は熱くなった．

　しかし今思うと，ソネボーンさんの関心は，彼がその才能を高く評価し期待している「あのアキオ（三宅章雄）」が，「例の発見」（図23，158頁参照）から10年経った今，どんなことを学生に託そうとしているのか，ということであったに違いない．当時，ソ

第Ⅱ章　個体の寿命と細胞の寿命　　53

ネボーンさんばかりか三宅さんをもがっかりさせたのではない
か，との思いを抱かなかった自分を恥じている．

別種ゾウリムシの分裂限界

　フタヒメゾウリムシやヨツヒメゾウリムシは寿命をもつという
1954 年のソネボーンの発見にも関わらず，1970 年代になっても
別種のゾウリムシ *Paramecium caudatum*（以下，カウダーツム）で「寿
命をもたない」という報告がなお生き残っていた．L. L. ウッド
ラフに少し遅れて，M. A. ガラジエフと S. メタルニコウという二
人のロシア人が 1910 年から 1932 年の 22 年 5 か月間カウダーツ
ムを飼育し，接合なしに 8,704 回の分裂を重ねたが衰えを示さな
かったと報告していたのである（Galadjieff & Metalnikow, 1933）．

　私事になるが，1975 年に奈良女子大学の新任助教授として赴
任したとき，ゾウリムシ研究についての紹介講演を要請され，寿
命研究の話題に触れた．当時の日本では東北大学の樋渡宏一さん
を中心に，カウダーツムを実験材料に使っている研究者は私自身
も含め大勢いて，現場の実感として二分裂だけでの長期飼育は難
しく，カウダーツムも分裂限界（細胞寿命）があるだろうことは，
ほぼ共通の見解になっていた．
　上記ロシア人の論文はマイナーな雑誌にフランス語で書かれた
もので，研究者仲間もほとんどが知らず，私が手にしたのもまっ
たくの偶然であった．フランス語のできる学生に翻訳を頼んで，
彼らが 1917 年のロシア革命のさなかにも飼育を続けていること

を知り，「丁寧な観察を伴う飼育ができていなかっただろう彼らの結論は信じがたい」との実感をもった．

　しかし22年間も実際に飼育し続けて書いたロシア人の論文に対して，私の実感くらいでその結論を否定するわけにはいかない．

　それに現時点でもカウダータムは有性生殖として接合は行うがオートガミーを行わないことがわかっているので，「オートガミーの見落とし」というのは理由にならない．革命のさなかにも培養を続けるには，彼らは図9・10のウッドラフ式の培養法を続けたに違いないが，定常期に接合が起こりうるとしても，接合相手がいないと接合は起こらないので，接合を見落としたという可能性も高くはない．

　生物の世界では，ある種のゾウリムシは寿命をもつが，別種のゾウリムシは寿命をもたないという事態は十分考えられる．彼らの結論にノーと言うには，確言できる根拠を示さなければならない．それがない以上はカウダータム不死説は生きつづける．・・・講演ではそのような話をした．

　ガラジエフとメタルニコウの論文の追試実験を私自身の手で行うことなどまったく考えていなかった．ところが，卒業研究の場として私の研究室に来たいという学生の一人が，カウダータムが寿命をもつかどうかをぜひ調べたいというのである．私は仰天した．この大学で最初に迎える卒研生に，そんなテーマは与えられないというのが咄嗟の結論であった．「死なないという報告の前で死ぬと主張できるデータを得たとしても，未熟ゆえに事故で死なせてしまったのだろうと言われかねませんよ」「それを否定で

第Ⅱ章　個体の寿命と細胞の寿命　　55

きるだけの実験プログラムを組む必要があり，信頼できる実験技術をもたなければなりません」「何よりも，何年要するかわからないような実験を卒業研究のテーマにすることは非現実的です」云々云々．

ところが彼女（吉田美知子さん，現姓：八百）はそうした説得に屈することなく，必要なら大学院に進学して実験を続けると言う．話しているうちに私は，この学生の強い思いを拒否し，学生の研究意欲を殺ぐことは，これから始まろうとしている大学教師の務めを放棄することに他ならないのでは，と思い直した．

そこで，まず吉田さんにはゾウリムシを飼育することに習熟してもらいながら，私はカウダータムの様々な系統の中から子孫の生存率の高い雌雄の組み合わせを探して接合させ，（受精卵に相当する）「接合完了体」6 細胞に由来する 6 クローンを準備した．その間，どうすれば現実的で説得力のある実験が組めるか検討し，以下の三つの方針を立てた．

第一に，吉田さんと私が 6 クローンのそれぞれを半分ずつのサブクローンに分け，各サブクローンを相互補填可能な 3 ラインから構成して，独立に，ライン間の置き換えが不能になるまで単離培養を続け，二人のクローン寿命が一致するかどうかをみることにした．その間，一切の情報交換を行わないことにする．

第二に，単離培養のあとのカルチャーを定常期に達するまで残し，分裂齢に伴う様々な変化をできるだけ克明に記録することにした．あとで二人のデータを照合して，変化の現れ方が操作ミスや事故による外因的なものではなく，内因的とみなせるかどうかを見る．

第Ⅰ部　個体と細胞の「生老死」

　第三に，分裂回数で計ったクローン寿命を追試できるようにするため，様々な分裂齢で，サブクローンの一部を低温下に保存した．主クローンの寿命が確定されたのちに，低温保存してあった細胞から改めてラインを展開し，保存時の様々な分裂回数と合計して，先の寿命に相当する分裂回数でクローン死が再現されるかどうかを見ることにした．

　飼育自体は単純作業であるが，毎日休みなく単離培養を続けるという忍耐を要した．赴任早々ということで，学内や研究室の雑用が降りかからないようにと，上司の横村英一さんが配慮して下さったのが有難かった．吉田さんもよく頑張った．もちろん，日曜，祝日，夏休み，冬休みなどにも作業は続けられた．振り袖姿で卒業式に出席した後，白衣に着替えて実験を続ける姿が印象的だった．予想通り卒業までには終わらず，吉田さんは大学院に進学して仕事をつづけた．

　幸い，修士課程を終えるまでに実験結果が出そろい，三つの方針はすべて満たされた．我々が得たカウダーツムの最大寿命は658回分裂で，これは吉田さんが受け持ったサブクローンのものであった．350〜400回分裂齢の頃から，様々な老化兆候が現れた．1年以上も低温下で保存した様々な分裂齢の細胞由来のクローン達が，累計約600回分裂のほぼ同じ寿命を再現した（カウダーツムの寿命は，物理的な時間ではなく，分裂回数という生物的な時間で計られていることを意味する）．

　そしてクローンの一生の後期に，低頻度ながら，クローン内に接合対が出現することをみつけた．接合は異性間でしか起こらな

第Ⅱ章　個体の寿命と細胞の寿命　　57

いので, クローン内接合 (自系接合；セルフィング) は, 定常期に一部の細胞で性転換が起こっていることを意味する. ゾウリムシの性転換は珍しい現象ではないが, クローンの一生の後期に起こる性転換を見つけたことで, ガラジエフとメタルニコウの不死説は自系接合の見落としによるものだろうとの説明がついた.

　この研究を報告した論文は受理され (Takagi & Yoshida, 1980), 掲載した図のうち二つが (一つは本書図 38) "The Biology of Paramecium" (Wichterman, 1986) という本の一頁を飾った. しかし考えて見れば, 4 年かけて論文 1 編というなんとも非効率な研究成果である.

　もしあのとき, 吉田さんの気魄を受入れていなければ, 私が寿命研究者の道を歩むことはなかっただろう. 何よりも, 何が夢かは学生によってまちまちに違いないが, 夢をもって研究したいと思う学生の要望に応えようとした選択が, 私にとっての何よりの財産になった.

　そのことを思うたびに, 「著名な国際的科学雑誌に掲載され, 沢山の同業研究者から引用され, それによって企業等からの外部資金を獲得できるような, 人々の注目を集める, 社会の役に立つ研究をめざせ」という国立大学法人に対する指導が, 研究室の主宰者を, ひいては若い研究者を, 委縮させているのではないか, と危惧する. 「(趣味的) 興味に基づく研究」は, 本当に科学振興の妨げになるのだろうか, 自由な研究がやりにくい大学に未来はあるのだろうか, と心配でならない.

T＝a W$^{1/4}$ 式のゾウリムシでの検証実験

　古くから，生物の時間（T）は体重（W）の 4 分の 1 乗に比例する（T＝a W$^{1/4}$）という法則が知られている．

　時間 T は生物のどんな時間をとっても成り立つ．寿命という時間 T$_L$ でもよいし，スーハー呼吸をする周期 T$_R$ でもいいし，ドキドキと心臓が拍動する周期 T$_P$ でもよいということで，本川達雄さんが『ゾウの時間 ネズミの時間』という本で紹介して一躍有名になった法則である．この式の 2 種類の時間 T の比をとれば，二つの時間は単純な比例式になる．例えば T$_L$＝a$_1$ W$^{1/4}$ と T$_R$＝a$_2$ W$^{1/4}$ の比 T$_L$/T$_R$ は a$_1$/a$_2$ となり，これを常数 k に置き換えると T$_L$＝k T$_R$ という正比例式が導かれる．ゾウはゆったり呼吸して長い寿命をもち，ネズミはせわしなく呼吸して短い寿命をもつが，一生の間に呼吸する回数はネズミもゾウも同じですよ，という本川さんのメッセージが大受けした．

　では図 4 に示したように，35 回分裂したらネズミサイズになり，52 回分裂したらゾウサイズになるとすれば，分裂回数も時間の一つだから，この式に当てはまるかというと，全く当てはまらない．T＝a W$^{1/4}$ 式は，図 11 の右側に示したように元の体重を 1 としたとき，体重が 2 の 4 乗倍すなわち 16 倍になったら時間は 2 倍になる，もしくは体重が 10 の 4 乗倍すなわち 1 万倍になったら時間は 10 倍になるという式である．

　ところが図 4 で見たゾウの体重はネズミの 10 万倍以上あるのに，分裂の時間は 35：52 で 2 倍にもならない．では T＝a W$^{1/4}$ 式は間違っている，と言うべきなのだろうか．常識的には「ネズミ，

第Ⅱ章 個体の寿命と細胞の寿命

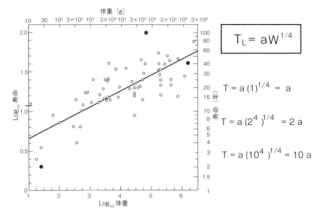

図11 ●様々な哺乳類での，生物の時間 T と体重 W の関係式．大きな●は左からネズミ，ヒト，ゾウ．（Sacher, 1959）

ヒト，ゾウの体が，受精卵から一定回数の倍々分裂ででき上がった，という仮定そのものが間違っている」と言うべきだろう．

　実を言うと，この誰もが納得するであろう説明に，私自身が一番納得できなかったのである．「ネズミ，ヒト，ゾウが成人の体重 W に達する時間が，2^n の分裂回数という時間 T とは無関係」という結論は，「$T=aW^{1/4}$ 式の時間 T は生物のどんな時間をとっても成り立つ」という話と合わないとわかったのに，「ああそうですか」とは言えなかったからである．それというのも，前項で紹介したカウダーツムの寿命実験では，約600回という分裂限界を確かめた．その際，分裂回数の計測は単離培養法（図9）で行っているので，基本的に 2^n の計算に基づいている．しかも分裂限界の確認実験から，「カウダーツムの寿命は物理的時間ではなく

分裂回数という生物的な時間で計られている」(56頁)ことを知った．この結論は，私の修士研究での「ゾウリムシの性成熟のタイミングは分裂回数で計っている」(42頁)とした結論とも一致した．

　多細胞生物の時間のカウント法は，単細胞生物のそれとは根本的に違うのだ，というのは，一つの説明としてありうる．ではT＝a W$^{1/4}$式は，ネズミ，ヒト，ゾウなどの多細胞生物同士では，どの程度の妥当性があるのだろうか？

　図11は様々な哺乳類で体重と寿命の関係を示したデータで，この式にぴったり当てはまれば個々の点は直線上に乗るはずだが，実際には大きくばらついている．図でネズミとゾウを結ぶ直線を引くと辛うじてこの式に近い傾きを示すが，ネズミとヒトでは直線が傾き過ぎるし，ヒトとゾウでは傾きが逆になってしまう．そう，ヒトはゾウより体重が軽いのに，ゾウより長生きする動物なのだ．

　T＝a W$^{1/4}$式自体があてにならないのだと言うのは簡単だが，動物の寿命をどの種についても同じ基準で調べること自体が容易でない．自然条件下の寿命と動物園などでの飼育下の寿命，同じ飼育下でも栄養条件や飼育技術の差による寿命の差違，平均寿命と最大寿命，実地に観測された寿命と伝聞で得た寿命，等々が混在している可能性がある．そういう中で，個々のデータの信頼性には問題があるとしても，「大型動物は長寿の傾向を示す」という全体としての大まかな傾向を見出した先人の努力には敬意を表すべきだろう．

第Ⅱ章　個体の寿命と細胞の寿命　　61

　そこで私は，$T = aW^{1/4}$ 式の妥当性を，時間を 2^n の分裂回数で
計るゾウリムシを使って検証できないかと考えた．ヒトの個体発
生が受精卵の細胞分裂の継続で進行するように，ゾウリムシの発
生過程（クローン発生という）も，接合やオートガミーなどの有
性生殖を終えた単一細胞が，細胞分裂を継続しながら，未熟期・
成熟期・老衰期と変化して最後にクローン死を迎える．接合不能
期である未熟期から成熟期へ移行するのに何回の細胞分裂を要す
るのかを調べたのが私の修士論文であり，クローン死に至るまで
に何回の細胞分裂を要するのかを調べたのが吉田さんとの共同研
究であった．

　前述のように，寿命 T_L と性成熟までの時間 T_M の比をとると，
体重の項が消えるので，その比が一定になる（$T_L/T_M = aW^{1/4}/bW^{1/4}$
$= a/b = k$）．すなわち $T_L = k \cdot T_M$ という式，「寿命は性成熟までの
時間に比例する」という式が導かれる．

　ゾウリムシの体重は扱いにくいが，二つの時間（分裂回数）が
正比例するという関係がゾウリムシで成立するかどうかという問
題なら，私にとってのお誂え向きの実験対象だ．具体的には，性
成熟までの時間 T_M が長いゾウリムシの突然変異体をとって，寿
命 T_L が長いかどうかを調べる，という実験を考えた．この実験
をやるなら，使うべき材料はヨツヒメゾウリムシ P. tetraurelia だ
ということだけは簡単に決まった．最大寿命がカウダータムの半分
ほどで，接合とオートガミーを両方行う種なので遺伝学実験に向
いているからである．

　一見簡単に思えるが，実際には大変な仕事である．まずは，得

られるという保証のない性成熟までの時間が長い「突然変異体」をつくる試みから始める．もし得られたら，突然変異体を野生型に交雑して2代目（1代目は接合の子世代，子世代にオートガミーを誘導して得られるのが孫世代に相当する2代目）での遺伝子の分離比を調べる実験を行い「関与する遺伝子」の数や優劣関係などの特徴を明らかにする．注目した突然変異遺伝子以外は野生型と同じにする「戻し交雑」（接合とオートガミーから成る）を繰り返し，（遺伝子背景が同じの野生型ゾウリムシと比べて）問題の遺伝子をもつゾウリムシの寿命が長いかどうかを調べる．——等々の延々たる作業をこなさなければならないのである．

　当時の私には，こんな"とんでもなく時間のかかる"実験に手を付ける余裕は無く，「やりたい」という学生でも現われない限り，夢想に過ぎないと殆ど諦めていた．ところが，またしても，この実験を是非やりたいという学生が現われたのである．小森理絵さん（現姓：小林，徳島文理大学・助教）で，4年生の卒業研究から始め，大学院に進んで修士・博士課程の5年と，大学院修了後の研究員としての2年間，計8年かけてこの研究を完成させ，いくつかの論文にまとめた．研究の概要は拙著（高木, 2009）で紹介したのでここでは割愛する．

　結果を一口で言うと，彼女が得た「性成熟までの時間の長い二つの突然変異株」は，ともに短寿命であった．すなわち同一種ゾウリムシ内の突然変異株では，$T_L = k \cdot T_M$ という比例式は「成立しない」ことが証明された．哺乳類のゾウ，ウマ，イヌ，ネズミといった異種動物間では成立するが，同じゾウリムシの種内では二つの時間の比例関係は成立しないということである．これは体

第Ⅱ章　個体の寿命と細胞の寿命　63

重の重いゾウは軽いネズミよりも寿命が長いからといって，ヒト同士で体重の重い人が軽い人よりも寿命が長いということにはならないという原理をゾウリムシで明らかにしたことになる．

　異種動物間での法則が，同種動物内でも同じように当てはまるかどうかは，きちんと検証すべきであるにも関わらず，無意識に同じように当てはまるとみなす傾向は，意外な形で一般に流布している．例えば，ネズミはゾウに比べて寿命は短いが，一生に呼吸する回数は同じだ，というのは前記の $T_L = k \cdot T_R$ という式をわかりやすく表現していて納得できる．しかし，その式を敷衍して，ヒトの寿命を延ばすには，ゆっくり呼吸するように努めればよい，というような話になると，上記法則を種内の個体に適用していることになる．私達の研究結果は，そういう適用は無条件に成立するものではない，種間の法則と種内の個体間の法則とは違うのだ，という教訓と言えよう．

時間は体重とエネルギー消費量の関数

　この研究からわかることは他にもある．例えば，これまで**時間**と**体重**の関係にだけ注目してきたが，$T = a \cdot W^{1/4}$ 式と同様に，いやそれ以上によく知られた**エネルギー消費量**と**体重**の関係を表す $E = b \cdot W^{3/4}$ 式がある．一方は4分の1乗式，他方は4分の3乗式である．両者をいろいろ操作していて，W というのは $W^{4/4}$ ということだと，至極当り前のことを考えたとき，

$$W^{4/4} = W^{1/4} \times W^{3/4}$$

であることに気付いた．これは，$T=a \cdot W^{1/4}$ と $E=b \cdot W^{3/4}$ の掛け算（$W=T \times E$）に他ならない．つまり時間・体重・エネルギー消費量の間には「$W=k \cdot T \times E$」もしくは「$T=c \cdot W/E$」と表すことのできる関係があったのである（以上の a，b，c，k は定数）．

　体重には時間だけでなくエネルギー消費量が関与し，しかも時間の体重に対する関与は $W^{1/4}$ 分であり，エネルギー消費量の体重に対する関与は $W^{3/4}$ 分であることを示している．

　すでに述べたように，$T=a \cdot W^{1/4}$ 式は体重が 16 倍（$W=2^4$）になっても時間は 2 倍（$T=k \cdot (2^4)^{1/4} = 2k$）にしかならない関係を示したが，$E=b \cdot W^{3/4}$ 式では体重が 16 倍になると，エネルギー消費量は 8 倍（$E=b \cdot (2^4)^{3/4} = b \cdot 2^3 = 8b$）に増える．体重に対するエネルギー消費量の関係性は，体重に対する時間の関係性よりも何倍も強いことがわかる．しかしどちらの場合も，二者の関係は，決して単純な正比例の関係にはなっていない．体重が 16 倍になっても，エネルギー消費量は 16 倍ではなく 8 倍にしかならないということは，体重が増えると（大型生物になると）エネルギー消費量は相対的に少なくて済むということである．

　それぞれの生物種は，「$T=c \cdot W/E$」もしくは「$W=k \cdot T \times E$」に則った個体の構築システムをもっているようだが，それが意味している具体的な仕組みについてはわかっていない．すでに指摘したように $T=a \cdot W^{1/4}$ 式には，現実には生物の法則らしく，かなりの例外が含まれる．それに比べると $E=b \cdot W^{3/4}$ 式は適用範囲が広く，単細胞生物から哺乳類まで当てはまると言われる．し

かし細かく調べると，べき数の 3/4 について必ずしも当てはまるとは言えない事例があるとか，単細胞生物についての適用は限られる，といった議論が絶えない．言うまでもなく，$W = k \cdot T \times E$ 式は種間の関係であって，種内の個体間の関係ではない．

　しかし，＜時間＞＜体重＞＜エネルギー消費量＞が相互に関係性をもつという認識は重視されてよい．ただし三者間の関係性がどんな数式で記載されたとしても，なぜそういう関係性が成立するのかという疑問は残るだろう．

　生物に向かって「なぜそんなことをするのか？」と尋ねても答えてくれない．答えは尋ねる人が考えるしかない．ただしそれが正しいかどうかの答えもない．関連する様々な現象との整合性を保ちながら，どれだけ多くの事象を説明でき，どれだけ多くの人を納得させることができるかが正否の判断の基準になるだろう．しかしそれも当座の正否であって，従来の説明と矛盾するような新しい発見によって，再び闇に戻されることも少なくない．科学はそういう営みの繰り返しである．それを楽しいと思えなければ科学の世界で生きていくことはできない．「なぜ」の問いは科学に向かないと言う人も，「何が問題か」を明確にすることは，科学を担う者にとっての共通の使命である．

　疑問をもち続けることによって，様々な方向から，ときには思いがけない発想から，新しいヒントが得られるかもしれないと期待しよう．上述の問題については，本章の最後に改めて取り上げる（79 頁，図 14 参照）．

3 | 無性生殖は常に老・死で終わるか？

　生の後には老病死がやって来る．一生の間に「病」を経験したことは一度もないという人は珍しいが，いるかもしれない．病または事故によって若くして死んだため，「老」を経験できなかった人は大勢いる．しかし「老」を経験しながら「死」を経験しない人は皆無である．ヒトの個体発生過程が不可逆的に“老死”に向かうことは，例外のない絶対的現実である．

　ヒトは多細胞生物であるが故に，老死で区切られる生，すなわち寿命をもつという考え方がある．多細胞個体は膨大な数の細胞間での相互作用に支えられているので，相互のバランスを保つシステムが異常をきたすと個体性が崩壊せざるを得なくなるという考え方だ．確かにヒトの死は個体の死であって，生きている細胞をたくさん残しながら死んでゆく．

　しかしこの考え方は，前節で見たように，単細胞生物のゾウリムシが，分裂限界という形での寿命をもつことが証明されたことにより，成立しなくなった．

　老死の本質を知る手掛かりは様々あるだろうが，一つには老死しない生物について知ることだろう．老死はヒトにとっては免れ得ない現実だが，生物現象として普遍的なことではないからである．個体発生過程が不可逆的に老死に向かう意味を知るために，ここではまず，個体発生の無性生殖過程が可逆的であるような事例をとりあげる．

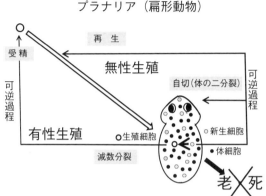

図12 ●プラナリアは有性生殖による若返りだけでなく，無性生殖による若返りも可能な動物である．

　実は無性生殖による若返りが可能な生物は少なからずいる．その典型例が扁形動物・渦虫綱のプラナリアだ（図12）．プラナリアは自然状態では"自切"といって，自分の体を二つに切って，前半からは後半が，後半からは前半が"再生"されるという形で分裂を続ける．

　ヒトでは再生は殆ど起こらないが（爪や毛髪を切ってもまた生えてくるのは，後形質の伸長であって，再生ではない），トカゲの尻尾やイモリの眼が再生することはよく知られている．しかしプラナリアはもっとすごい．体を断片に切っても，どの部分の断片からも，まるごとの体が再生する．生物学分野の教育者，研究者の間で，「切っても切ってもプラナリア」と言われる所以だ．

　例えばプラナリアの生殖器官は体の中央部にしかないが，生殖

器官のない頭の断片からでも，後端の断片からでも，体の全構造が再生する．これは体中に新生細胞（ネオブラスト）と名付けられた分化多能性の細胞が散在することによる．体をつくる全細胞の約30％が新生細胞だということで，どこを切っても，大抵はその部分に新生細胞があり，そこから個体が再生される．

プラナリアには様々な系統があって，無性生殖のみを行う**無性系統**，有性生殖のみを行う**有性系統**，夏には無性生殖を冬には有性生殖を行う**転換系統**が知られている（星，2007）．

有性系統は，個体内に卵巣・精巣の両方をもつ雌雄同体であるが，受精は異個体間の交接による．成体の細胞で分裂できるのは新生細胞に限られているので，新生細胞が体細胞のみを作るのが無性系統であり，新生細胞が体細胞の他に生殖器官（卵巣・精巣など）と生殖細胞（卵と精子）を作るのが有性系統である．

びっくりするのは，有性系統のプラナリアをすりつぶして，無性系統のプラナリアに餌として与えると，無性系統が有性系統に変わることだ．どういう物質が関与しているのか，どういう仕組みになっているのかと，ワクワクしながら見守っていたところ，本書原稿を執筆している段階で，弘前大学の小林一也さんらにより，有性化因子の正体が"D-トリプトファン"であることが明らかにされた（Kobayashi et al., 2017；小林・関井，2017）．トリプトファンを含む20種類のアミノ酸のうち，グリシン以外には鏡像異性体（L型とD型）があるが，どんな生物もタンパク質として使うアミノ酸はL型アミノ酸に限られている．

D型アミノ酸も体内に少なからず存在するが，そのうちのD-トリプトファンが，無性生殖系統のプラナリアに，まず卵巣を，

第Ⅱ章　個体の寿命と細胞の寿命　　69

続いて精巣をつくらせる誘導因子になっているというのである．実は10年以上前から，L‐トリプトファンが有性化の誘導に幾分有効であることはわかっていたが，有性化因子と呼ぶには不十分な誘導だった．それに比べD‐トリプトファンは，はるかに強力な誘導因子であることがわかったということだ．

しかし小林一也さんによると，D‐トリプトファンもなお最終的な決定因子ではなく，他の物質が関与している可能性が残されているという．関与する物質が発見されることと，どういう仕組みで働くかを知ることの間には大きなギャップがあるが，カギとなる物質が具体的に同定されることの意義は極めて大きい．

実は，性に関係する物質として"トリプトファン"の名を聞くのは，これが初めてではなかった．ゾウリムシと同じ繊毛虫の仲間ブレファリズマで，ガモン1（ブレファルモン）とガモン2（ブレファリズモン）と名付けた二つの性物質を発見したのは，私の恩師である三宅章雄さんだ．ガモン1は305アミノ酸からなるタンパク質に六つの糖（グルコサミンとマンノース）が結合した糖タンパク質であるのに対し，ガモン2はアミノ酸L‐トリプトファンの誘導体であった．

ガモン1遺伝子の塩基配列を決めたのは三宅門下生の春本晃江さんとその弟子の杉浦真由美さん（現姓：松尾）で，現在は奈良女子大学の私のいた研究室の教授と準教授である．ガモン2は，大阪市立大学の久保田尚志さんによって人工合成にも成功していて，L‐トリプトファン由来のL‐ブレファリズモンはもちろん，D‐トリプトファンで作ったD‐ブレファリズモンも，活性は低い

が性物質としての機能があることが立証されている.

　プラナリアの自切も再生も無性生殖であり,無性生殖を実質的に担っているのは**新生細胞（ネオブラスト）**である.有性系統個体由来のD-トリプトファンが働きかけて,無性系統個体を有性系統個体に変えたというのは,実質的には体細胞のみしか作らなかった新生細胞を,生殖細胞も作ることができる新生細胞に変えたことを意味する.

　分化多能性細胞である新生細胞（ネオブラスト）が,老化・死のない無性生殖を永続できるだけでなく,こんなに簡単に有性生殖も可能な新生細胞（ネオブラスト）に変換できるのだとしたら,なぜこのようなすぐれものがプラナリアだけでなく多くの動物たちに広がっていかなかったのだろうか？

　プラナリアの新生細胞のような分化多能性細胞は,刺胞動物のヒドラや,環形動物のヤマトヒメミミズなどにも存在するが,進化史に登場した時期がより新しい動物群ほど存在確率が低くなっているように思われる.少なくともヒトには存在しないという状況証拠からの推測に過ぎないのだが,「ネオブラストによる再生系」は,大型動物の生命システムには不向きなのではなかろうか.

　扁形動物・吸虫綱のカンテツはウシなどの哺乳類の寄生虫で,受精卵は宿主の糞と共に放出され水中で孵化してミラキジウムという幼生になる.そのあと,カワニナなどの巻貝,カニなどの甲殻類を経て最後に哺乳類に侵入してカンテツになるまでに,ミラキジウム,スポロキスト,レディア,セルカリア,メタセルカリ

第Ⅱ章　個体の寿命と細胞の寿命　71

アと，異なる名前が付けられるほどの異型の幼生期を経る．このうち，最初のミラキジウムからスポロキストへの変化は幼生から別の幼生への形態変化であり，最後のメタセルカリアからカンテツへの変化は幼生から成体への成熟変化であるが，スポロキストからレディアへの変身と，レディアからセルカリアへの変身は，前の幼生の一部の細胞から，まるでネオブラストから新個体を作るかのようなやり方で次の幼生を作り，前幼生から脱出して次の幼生になる（守，2010）．

　同じ扁形動物でも，プラナリアの再生は専ら消失部分の補充的な再生であるのに対し，カンテツのレディア，セルカリア幼生の形成は，一部の細胞から新規に全体を作り直すような再生である．消失部分の再生は，既存の秩序と整合させながらの再生なので，全体の再生よりも高度な再生と言えるのではなかろうか．

　大型動物の複雑な組織を再生するには，細胞間の高度の調整が必要で，それは暴走的な細胞分裂に対する高度の抑制機構を要したのではないか，それが有性生殖機構と関係するのではないか，と推測する．

4 | 有性生殖と寿命

　過去にゾウリムシの寿命が見逃されていたのは，オートガミー（自家生殖）やセルフィング（自系接合）といった有性生殖が見逃されていたからだ．その歴史的経緯から，「有性生殖があれば寿命がある」という確信が生まれたのだが，これは状況証拠ではあっ

ても因果関係とは言えない。と言うのは、なぜ有性生殖という原因が寿命という結果をもたらすのか、全く説明がつかないからである。

現象としては、「有性生殖に続く無性生殖には限界がある」ことは、ゾウリムシだけでなく、受精卵から始まる発生過程をもつ多くの動物で見られる一般的な事例である。

なぜかはわからないが、「有性生殖があれば寿命がある」というのは経験的な真実である。ここで言う寿命は「無性生殖の限界」を意味する。ある生物に寿命があるかどうかが問題になったとき、「有性生殖が起こるかどうかを調べて、もしイエスだったら寿命があるとみなしてよい」という助言は適切だろう。

では「寿命をもたない生物は有性生殖をしないのか？」

論理学の教えるところによれば、「AならばBである」という命題が真であれば、「BでなければAでない」という**対偶**は真であるが、**逆**（「BならばAである」）や、**裏**（「AでなければBでない」）は必ずしも真ならず、ということになる（図13）。

「有性生殖をする生物は寿命をもつ」という命題が真実なら、対偶命題となる「寿命をもたない生物は有性生殖をしない」は真実とみなされる。

私はこの論理を使って「寿命をもたない大腸菌は有性生殖をしない」はずだという論拠から、大腸菌で知られている「接合」は有性生殖とはみなせない、と論じた（高木, 2014）。

ゾウリムシ属とテトラヒメナ属は共に繊毛虫類の仲間である。同じテトラヒメナ属でもテトラヒメナ・サーモフィラ *Tetrahymena*

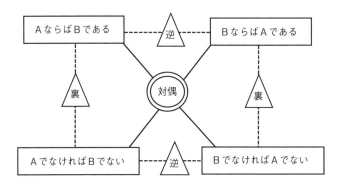

図13 ●四つの論理命題の関係性. ◎は一方が真なら他方も真である関係. △は一方が真でも他方は真とは限らない関係.

thermophila という種は, ゾウリムシ属の種と同じように, 有性生殖に続く無性生殖過程は老化・死で終わる. ところが, テトラヒメナ・ピリフォルミス *Tetrahymena pyriformis* という種は有性生殖が起こらず, 無性生殖のみで永続できる種として知られる. この種は, 体細胞核である大核のみをもち, 生殖核である小核をもたないので, 有性生殖をしようにもできないのである. すなわち「寿命をもたないテトラヒメナ・ピリフォルミスは有性生殖をしない」のである.

こうしたことを踏まえて, かつて私は「無小核ゾウリムシをつくるか, 有性生殖できないゾウリムシをつくれば, 寿命をもたないゾウリムシが得られるのではなかろうか?」と考えて, 「オートガミーをしないヨツヒメゾウリムシの突然変異体」をつくろうと試みたことがある. 今から30年ほど前のことである.

74　第Ⅰ部　個体と細胞の「生老死」

　結論を先に言うと，この試みは失敗に終わった．意外にも，「オートガミー誘導条件で大核崩壊が起こらないこと」を標識とした「オートガミー不能」の突然変異体がまったくとれなかった．分裂できないもの，分裂速度の遅いもの，泳ぎ方がおかしいものなど，突然変異が原因と思われる異常クローンは少なからず生じたのに，である．このうち，分裂できないものはクローンをつくれないので，オートガミーの有無を検出できない．しかし他の異常クローンのどれもがオートガミーを行ったことが不思議だった．というのは，オートガミーには最終段階の標識である大核崩壊に至るまでにたくさんの中間段階があり，途中の段階に異常があれば最後のステップにまで進めないので「オートガミー不能」は頻出するだろうと期待していたからである．

　実験がうまくいかないとわかったあとで，この試みは論理的にも正しくないことに気づいた．「有性生殖（オートガミー）をしないヨツヒメゾウリムシは寿命をもたない」という論理は，「有性生殖をする生物は寿命をもつ」という真理命題の裏命題であって，逆命題の「寿命をもつ生物は有性生殖をする」と同様，「必ずしも真ならず」とみなすべきだったのだ．

　実際，二分裂で増える酵母は，大型の母細胞と小型の娘細胞を生じる不等分裂を行い，母細胞の系列は寿命をもつが，娘細胞の系列は寿命をもたないことが知られている．この事例は，「有性生殖をしない酵母の母細胞は寿命をもたない」という裏命題が成立しないことを示していると同時に，「寿命をもつ酵母の母細胞は有性生殖をする」という逆命題も成立しないことを示している．私の上述の試みは「逆や裏は必ずしも真ならず」という教訓を見

第Ⅱ章　個体の寿命と細胞の寿命　　75

失っていたという恥ずかしい経験談である.

5 老死という「生」のあり方

　ここで, ヒトの受精卵の特性は分化多能性であること, 受精卵は有性生殖によってもたらされること, 有性生殖を行う細胞は生殖細胞に限られていること, 生殖細胞は時期限定・機能限定の細胞であることを思い出していただきたい. ヒトは, 生殖細胞にのみ可能な有性生殖という面倒な仕掛けをくぐることによって分化多能性の受精卵をつくるのに対し, プラナリアでは分化多能性細胞である新生細胞(ネオブラスト)を常時保持し続けている.

　私は, プラナリアなら自在に操ることができ, イモリやトカゲでも部分的にできていた再生能力を, ヒトは「進化的に抑制した」のだと考え, 納得している. しかし別な思いをもつ科学者は少なくなく, 再生能への憧れは, 老化防止への期待にもつながるようだ. ヒトに再生能力を与えることができたら素晴らしいことではないか, そういう技術を開発すれば大きな注目を集めるに違いない, との意見である.

老化は治療の対象か?

　「ヒトは死ぬ」「ヒトは寿命をもつ」のような例外ゼロの現象というのは, 生物現象としては極めて珍しい. このような必然の生物現象には, その現象を必然にする内的要因が無ければならない.

仕組み，メカニズム，プログラム，青写真，設計図・・・そうした言葉で表される"何か"があるはずである．逆に，そうした"何か"があるのなら，そのメカニズムやプログラムを科学的に操作して改変できるはずだ，と考えるのが科学者の習性で，現実に抗加齢医療や**アンチエイジング**を標榜している人たちは大勢いる．

しかしその人たちが本気で，老化は予防・治療の対象と考えて，いずれは誰もが「老化を伴わない死」を迎えられると考えているとは思えない．なぜなら，その人たちに，老化が無くなれば死も無くなるかと尋ねても，さすがに「不死のヒト」を主張する人はいないだろうからだ．しかし「いずれは200歳まで生きられるようになる」と言う人はいる．

抗加齢医療やアンチエイジングを唱える人も，現実には老化を予防・治療できる現象とは見ておらず，せいぜい老化過程に介入して進行を遅らせることができるに過ぎないと考える人が大多数と言えよう．しかし，老化の進行を遅らせれば，寿命も延びますか，と尋ねると，そりゃそうでしょうと言う人は少なくないのはと思われる．

老化は避けることはできないが，遅らせることはできると認識すると，次の問題は，どこまで遅らせることができるかということになるだろう．

100年前の日本人の平均寿命は40歳台だったのが，今は倍の80歳台に伸びている．これが現実なのだから，今から100年後には160歳台，200年後には300歳台を超えると期待しても当然，と言えるだろうか？

厚生省がその数字を発表し始めた 1963 年には，百寿者（センテナリアン）はわずか 153 人だった．それが 1998 年には 1 万人を，2007 年には 3 万人を超え，2017 年には 67,824 人という数に達した．この間，日本人の最高齢者は 1994 年に 115 歳という記録が生まれた後，9 年後の 2003 年に 116 歳の記録更新が見られた．その記録はさらに 14 年後の 2017 年になってやっと鹿児島県の田島ナビさんによって 117 歳に塗り替えられたが，翌年の誕生日を迎えることはできなかった．

平均寿命と百寿者数の増大にもかかわらず最大寿命が頭打ちになっていることは，砂の量が増えれば砂山が高くなるような統計的事象とは違って，最大寿命にはあらかじめプログラムされた超えることのできない限界があることを示唆する．ギネスブックが認定する最大寿命記録は，フランス人女性 J. L. カルマンさんが 1997 年につくった 122 歳であるが，この辺りがホモ・サピエンスの限界寿命ではないかと思われる．

この現実は，老化過程に介入して進行を遅らせることはできても，寿命の壁は突破できないことを教えてくれる．不可逆的に老化・死に向かう個体発生は，アンチエイジングを唱えながら最先端技術を駆使しても覆せるようなものではない．「老化・死は進化の産物」と見ている私には，老化・死は介入の対象でさえなく，どう受け止めるかという受容の対象である．エイジングを「熟成」とでも訳して，死ぬことができない神様や仏様には申し訳ないが，死ぬことができるヒトの幸せを噛みしめてはどうだろう．ヒトは「死んでしまう」のではなく，「死ぬことができる」ように進化したのだから．

エネルギー配分の最適化戦略

図2や図12に示したように，哺乳動物の受精卵に始まる無性生殖過程は，細胞の数を増やし（細胞増殖），細胞の種類を多様化しながら（細胞分化），一定サイズの多細胞個体を形成し，最後には老化・死で終わる不可逆過程であるが，有性生殖によって受精卵に回帰させる可逆過程が用意されている．その有性生殖を担うべく特化した細胞が生殖細胞であり，それ以外の細胞が体細胞である．

哺乳動物の個体を作る細胞群が，体細胞系と生殖細胞系に二分されているということは，生殖細胞が有性生殖を開始できるようになり有性生殖可能期間が終わるまでは，体細胞が性成熟した成体を保護し切ることを前提にしたボディ・プランをもっていることを意味する．言い換えれば，個体づくりの基本戦略は，体細胞系と生殖細胞系へのエネルギー配分の最適格化戦略であることを示唆する（図14）.

これまで，受精卵の細胞分裂によって作られる多細胞個体にとって，個体のサイズは細胞数に換算される体重であり，体重は成体に達するまでの細胞分裂回数という時間と関係するだろうと想定してきた．

しかし先に（64頁参照）紹介した W＝k・T×E の式は，体重 W は時間 T と直結してはいず，時間 T とエネルギー消費量 E との積で表わされるべきことを示している．成体に達するまでの時間とは，性成熟に達して有性生殖が可能になるまでの時間 T_M であるが，現実の T_M はマウスで数か月，ヒトなら10年以上もの歳月

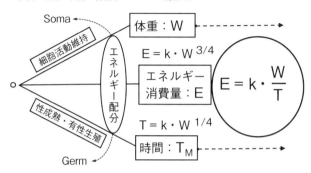

図14●エネルギー配分の最適格化戦略としての個体発生過程

をかけている．「性成熟までの時間」と「エネルギー消費量」とがからみながら，「種に固有の体重」に達していると見るべきであろう．それが，"自然淘汰（自然選択）"を経て確立されてきた「エネルギー配分の最適格化戦略」として，エネルギー消費量（E）は体重（W）に正比例し，時間（T）に反比例するという式（E＝k・W/T）に反映されているのではなかろうか．

　ネズミ，ヒト，ゾウが種として産生可能なエネルギー量はそれぞれに違っていて，大雑把に言えば，エネルギー産生器官であるミトコンドリア数が多いほど，つまり細胞数が多いほど，つまり大型動物ほど，産生可能なエネルギー量は大きくなる．

　一方，細胞分裂を重ねるほどエネルギー消費量はふえ，大型サイズであるほど体重を維持するためのエネルギー消費量も増大す

るので，大型動物ほど，消費エネルギー量は大きくなる．

　大型動物であることは強いという意味で生存競争上有利である
だけでなく，多量のミトコンドリアをもつことでエネルギー産生
能力が高い上に，容積の割に表面積が小さいため相対的にエネル
ギー消費量が少なくて済むという意味でも有利だ．大型動物は，
有性生殖系列をサポートするという本来の役割を終えた後も，体
細胞群を持続できる余剰エネルギーが存在しうる．この余剰エネ
ルギーが，大型動物を長寿にしている要因ではあるまいか．社会
性動物では，有性生殖可能年齢を過ぎた老齢個体は，孫世代の成
長をサポートすることによって「有性生殖の成功」に実質的に貢
献できる．しかし長寿であることが有益だとわかる時期には自ら
の有性生殖時期は過ぎているのに，なぜそのメリットが世代を超
えて伝わってきたのだろうか？

　自然淘汰はある形質に直接作用するだけでなく，ある形質の選
択が，相関する無関係な形質を一緒に選択しうる．余剰エネルギー
を生み出す能力は，自然淘汰で有利に働き次世代に伝えられるの
で，長寿は自然淘汰の直接の対象ではなくても，余剰エネルギー
をもった生物の余得として遺伝するのではないか．

　$T = a \cdot W^{1/4}$ 式の T を寿命とみなしたとき，この式は寿命は「体
重にだけ」関係すると言っている．しかし近年の平均寿命の大幅
な延長に見られるように，平均寿命は医療の発達をはじめ，衣食
住環境の改善や，社会的ケアや文化なども関係する多様な要因が
指摘されていて，たった一つだけを挙げる人はいない．

　だからこの式は不合理だ，と言いたいところだが，実はそうも

第Ⅱ章　個体の寿命と細胞の寿命　　81

言い切れない．確かに「平均寿命を変動させる要因は沢山ある」が，種に固有の体重に相関するポテンシャルとしての最大寿命というのがある，とする考えを否定しているわけではないからだ．図14の $E=k \cdot W/T$ 式は，$T=k \cdot W/E$ 式（寿命は体重に正比例し，エネルギー消費量に反比例する）と同じで，ここでは寿命に関係する要因が二つ挙げられている．この式のエネルギー消費量 E は，余剰エネルギーをもった生物の余得の実際的な使い方を意味しているのだとすれば，日本人の平均寿命を倍にした多様な要因とつながっているのかもしれない．

第Ⅱ部 "いのち"のつながり

　＜老・死＞を＜生＞の進化として捉えることで"いのち"の本質に迫ろうとする本書の主張を知っていただくために，第Ⅱ部では，"いのち"という表現に含まれる様々な局面について考える．そのためにはまず"いのち"の実体は何なのかという疑問に応えなければならない．

　第Ⅲ章では，遺伝物質としてのDNAの発見と形質発現の仕組み，及びエネルギー代謝の仕組みについての基礎知識を概説する．すでに高校や大学で，生物学の基礎を学んだ方は，必要と思われる部分だけを拾い読みしていただけばよいが，現代生物学を学んでいない，あるいはかつて学んだけれども忘れてしまったという方は，第4章以降のために，一通りお目通しいただきたい．

　第Ⅳ章では，「生」を「次の生」へつなぐ"いのち"のつなぎ方（生殖過程）に焦点を当てた．生殖過程には無性生殖と有性生殖の2種類があるが，両者の違いが細胞の"老死"を決める鍵になる．"いのち"の場である細胞には原核細胞と真核細胞の2種類があるが，"いのち"はまず原核細胞として生まれ，真核細胞が分岐した．

　第Ⅴ章では，"いのち"の起原を遡り，「遺伝情報が生まれる」局面についての池原健二さんの独創的学説を紹介することにより，「生」が生まれる瞬間に思いを馳せる．

第Ⅲ章 │ *Chapter III*

"いのち" の実体

　"いのち" の場が細胞であり，細胞で行われる活動の総和が "いのち" である．細胞には核があり，そこには**遺伝子**がある．遺伝子は置かれた状況に応じて様々な活動を行うが，その一つ一つの活動の結果が**形質**である．細胞の行うあらゆる活動には，**エネルギー**が必要であり，細胞内のミトコンドリアがその製造工場である．

　細胞の活動は様々な分子によって担われる．遺伝子の本体は**DNA**，形質の本体は**タンパク質**，エネルギーの本体は**ATP**である．

　遺伝子，形質，エネルギーという生命の三大要素が，全然違う物質によって担われているのは驚きだ．一方，それほどに違って見える高分子物質も，元素のレベルで見ればあまりにもよく似ていることに驚く．ATP は DNA の部品であり，DNA は C，H，O，N，P の 5 元素から，タンパク質は C，H，O，N，S の 5 元素からできている．

　本章では，生物をつくっている元素と分子についての基本的な基礎知識についてコラムで触れた後で，上記の生命の三大要素が相互に連絡しあう仕組みを解明するために，人々がどれほど情熱をかたむけてきたかについて概観する．

コラム❹ 元素・生元素・生体高分子

column

あらゆる分子は**原子（元素）**からできている．D. I. メンデレーエフが周期律表を作った 1869 年には 63 個の元素しか知られていなかったが，今は 118 個に増えている．ウンウントリウムという仮の名がついていた 113 番元素は 2004 年に日本で発見された元素で，2016 年 11 月に命名権が認められ，「ニホニウム（Nh）」という元素名が発表されたことは記憶に新しい．118 元素のうち，天然に存在するのは，原子番号 1 の水素（H）から 92 のウラン（U）までのうち，原子番号 43 のテクネチウム（Tc）と 61 のプロメチウム（Pm）を除く 90 種である（『理化学辞典』）．

さらにそのうちの次の 30 種類が，生物が使っている元素 – **生元素** – とみなされている（道端，2012）．あらゆる生物が下記 30 元素を使っているというのではなく，なんらかの生物で使われている元素という意味である．周期律表の順に，

水素 H，ホウ素 B，炭素 C，窒素 N，酸素 O，フッ素 F，ナトリウム Na，マグネシウム Mg，ケイ素 Si，リン P，硫黄 S，塩素 Cl，カリウム K，カルシウム Ca，バナジウム V，クロム Cr，マンガン Mn，鉄 Fe，コバルト Co，ニッケル Ni，銅 Cu，亜鉛 Zn，ヒ素 As，セレン Se，臭素 Br，モリブデン Mo，スズ Sn，ヨウ素 I，タングステン W，鉛 Pb

である．

このうち，主要な**生体高分子**である炭水化物（糖質），脂質，タンパク質，核酸で主に使われている元素は，C，H，O，N，S，P の 6 元素でしかない．すなわち炭水化物（糖質）と脂質は CHO，

第Ⅲ章 "いのち"の実体 87

タンパク質は CHONS，核酸は CHONP で構成される.

　しかし生元素が 30 種類に及ぶということは，上記以外に様々な使われ方をしているということである．単体として生理的に重要な作用を担う Na^+，K^+，Cl^-，Ca^{2+}，Mg^{2+} などはお馴染みだ．タンパク質のグロビンが，Fe や Cu と協同してヘモグロビンやヘモシアニンとなっていることもよく知られている．一方あまり知られていないが，酵素タンパク質の多くが，様々な金属元素を取り込むことによって触媒機能を高めている.

　たった 90 種の元素が広大な宇宙を作っているというのは，考えてみれば凄いことだ．人間が宇宙を理解しようと努めるのは好奇心ゆえであるにしても，もし宇宙を構成する元素が無数にあるのであれば，「理解できる」という思いをもてるだろうか．どんな宇宙現象も，既知の元素の振る舞いとして理解できるはずと思えるがゆえに，研究意欲が湧くのだろう.

　われわれが地球外生物に興味をもつのも，地球生物の使っている生元素と同じ元素を使っているだろうと想像しているからであって，もしそうでなくても 90 種類の枠を超えることはないと確信できる.

　2010 年末に，NASA（米国航空宇宙局）の研究者が，リン（P）の代わりにヒ素（As）を含む DNA をもつ細菌を見つけたと，*Science* 誌に発表して世界を仰天させた．誰もが感じたのは，猛毒のヒ素を含む DNA というイメージの落ち着きの悪さであった．しかし，リン（P）とヒ素（As）は周期律表の同じ第 15 族の第 3 周期と第 4 周期に位置するため，元素として似た性質をもちうる．実はアミノ酸の一つであるシステインは（メチオニンとともに）硫黄（S）を含むので含硫アミノ酸と呼ばれるが，硫黄の代わりにセレン（Se）を含む「セレノシステイン」と称するアミノ酸を使う細菌が現に存在する．硫黄（S）とセレン（Se）は，周期律表の同じ第 16 族の第 3 周期と第 4 周期に位置している.

ヒ素を含む DNA の話は予想通り大論争になり，その後の展開を注視してきたが，再確認が出来たとの報告を目にすることがないまま，現在では話題にもならずに実質的に霧消している．

バクテリア，ゾウリムシ，ヒトに代表される全生物が使っているのは上記 30 元素に限られるが，ごく限られた生物でしか使われていない生元素もある．例えば脊椎動物に近縁の尾索動物ホヤには，バナジウム（V）が高濃度に含まれるが，同じホヤでも種によって全く含まないものもある．かくも複雑・精妙な生物の"いのち"が，ざっと 30 種類ほどの生元素によって支えられているという不思議にはただただ驚くしかない．

1 遺伝子とは何か？

「私の会社の DNA は・・・」といった表現が当り前に通用する世代の人たちには，「遺伝子とは何か？」というような問いは時代錯誤に思えることだろう．

遺伝学の発展が，大腸菌やウイルスからの情報に支えられたことを教科書で学んで何の違和感もない世代とは違って，1960 年代に生物学の道に入った私は，大腸菌やウイルスで発見された知見から，ヒトや哺乳類の問題が本当に説明できるのか，といったレベルの疑問を当然のこととしてもった世代である．

科学者が「遺伝子とは何か？」という問いに取り組んできた歴史的経緯は，世界中の知性が未知を一つひとつ既知に変えていく科学の世界の圧倒的な魅力にあふれていた．

第Ⅲ章 "いのち"の実体 89

　どんな疑問であれ問題意識をもつことから科学が始まる．まず
は問題が発掘され，問題に答えるための論理的な筋道が立てられ，
実験的証明によって問題解決に導き，その一連の経緯が科学論文
として発表されると，さらに新たな問題発掘につながる．そのよ
うな見事な連鎖の繰り返しであった．

　ここでは，現時点の知識でああだこうだと説明するよりも，遺
伝子を知らなかった時代から，遺伝子の時代とも言われる現代ま
で，科学者がこの問題に取り組んできた歴史的経緯の概略をたど
ることとする．

　親子が似ているということは，親から子に"何か"が伝わるこ
とを意味する．親の特徴が子に，子の特徴が孫にと，個体の特徴
を規定する何かが世代を越えて伝わることは，おそらく何千・何
万年前から人々は気付いていたに違いない．しかし個体の特徴と
いうのは何を指すのか，遺伝する特徴としない特徴は何が違うの
か，どうやってその特徴が伝わるのか，といったことは全くの謎
であった．

　親から子に何かが伝わっている現実を，血縁・血統・血脈・血
筋といった血の概念で表現したのは，伝わる何かが液体として意
識されてのことだろう．現実に伝わる何かは，男女の性行為を通
じてであることは自明であったに違いないが，性液から液体的要
素がイメージされたとき，それが失われると死につながることが
日常的に見えていた血液が，"いのち"の象徴として表面に押し
出されたのではなかったか．

90　第Ⅱ部　"いのち"のつながり

　オーストリア生まれの G. J. メンデルは，チェコの都市ブルノの修道院でエンドウの交配実験を行い，遺伝する特徴を具体的に特定した上で，親から子に伝えられる"何か"は，血液のような「液体的」なものではなく，混じり合わない「固体的」な何かであるとの確信を得た．個体の特徴を，＜種子の形＞が「丸」いか「しわ」があるか，＜莢の色＞が「緑」色か「黄」色か，＜茎の高さ＞が「高」いか「低」いか，・・・といった＜形質＞の組み合わせと捉えた上で，「丸」と「しわ」を交配すれば次世代（雑種第一代）の種子はすべて「丸」になり，「緑」と「黄」を交配すれば次世代の莢はすべて「緑」になり，「高」と「低」を交配すれば次世代の茎はすべて「高」になり，・・・といった具合に**優性（顕性）と劣性（潜性）の違いがあることを発見した**[1]．

　次に雑種第一代のエンドウ同士を交配して雑種第二代を調べると，「丸」：「しわ」，「緑」：「黄」，「高」：「低」いずれもほぼ3：1の割合で出現したので，劣性（潜性）形質を決める要素は隠れていただけで消えてしまったわけではないことに気づいた．しかも雑種第二代の3：1という比は，親の代の優性（顕性）遺伝要素をA，劣性（潜性）遺伝要素をaと表記することによって，要素の組み合わせの変化として理解できることを明らかにした．す

---

[1] 優性・劣性の用語は，遺伝子や形質に優劣があるようで誤解を招きやすく，顕性・潜性という用語に変えようという動きがあり，最近日本遺伝学会でも変更を決議した．現状では，殆どの辞書や専門書で，優性・劣性の表現が使われているので紛らわしくて恐縮だが，本書では以下この新しい用語に統一する．「顕性」と「潜性」が具体的に何を意味するかについては，遺伝子と形質についての理解が深まった第3章3節の最後で述べる（129頁）．

第Ⅲ章 "いのち"の実体　91

なわち，親の交配を AA×aa と表すと雑種第一代は Aa になり，雑種第一代同士の交配を Aa×Aa と表すと雑種第二代は AA＋2 Aa＋aa となるので，A：a＝3：1 が説明できる．

　残念なことにメンデルの画期的な研究成果を発表した 1865 年の論文は，殆ど誰にも読まれることなく 35 年間も埋もれたままになっていた．

遺伝子はどこにある？

　とは言え，1900 年にオランダの H. ド・フリース，ドイツの C. E. コレンス，オーストリアの E. von S. チェルマックらによって独立にメンデルの法則が再発見されるまで，遺伝学の研究が途絶えていたわけではない．19 世紀後期には専らドイツで，細胞内の構造，特に染色体に注目した研究が急速に進んだ．

　1875 年に E. シュトラースブルガー（独）により，精子・卵の形成過程で染色体数が半減し，受精で回復することが発見された．組織の固定法や染色法の開発に貢献した W. フレミング（独）は，1879 年に染色体の縦裂を観察し，その意義（核の遺伝物質の均等配分）を予測した．C. E. マクラング（米）による 1891 年の性染色体の発見や，翌年の A. ワイズマン（独）による子世代に伝えられる生殖質についての「生殖質説」の提唱，1896 年の E. B. ウイルソン（米）による染色体についての世界標準となる細胞学教科書の出現等々を経て，20 世紀になると研究の中心はアメリカに移った．

　1902 年に W. S. サットンは，減数分裂における相同染色体の対

92　第Ⅱ部　"いのち"のつながり

合と分離をメンデルの遺伝法則に対応付けた．染色体こそが，メンデルの仮定したAやaのような動きをする細胞内の実体であると理解したのである．その後 T. H. モルガンをリーダーに，C. B. ブリッジス，A. H. スタートヴァントらによるショウジョウバエの遺伝学が急速に進み，遺伝子は染色体上に一列に並んで存在する粒子状のものとする概念が確定し，様々な生物で染色体地図が作成された．例えばショウジョウバエは8本の染色体をもち，メス親由来の4本とオス親由来の4本が，相同染色体として対になっている．相同染色体の相対応する位置（相同遺伝子座）には，同じ形質を支配する対立遺伝子が顕性または潜性の状態で位置する．例えば「目の色」を支配する顕性遺伝子Aが，相同染色体の両方の遺伝子座（A/A）または片方の遺伝子座（A/a）にあると，"表現型"が「赤目」となり（[A]と表記），突然変異により両方の遺伝子座ともaになると（a/a），"表現型"が「白目」になる（[a]と表記）．そういう遺伝子が染色体上に数珠玉状に並んでいる，というのである．

　因みに，相同遺伝子座を占めることのできる対立遺伝子が三つ以上ある場合を複対立遺伝子と呼ぶ．ABO式血液型を支配する三つの複対立遺伝子（A遺伝子，B遺伝子，O遺伝子）がよく知られる．

遺伝子の本体はDNAかタンパク質か

　このように遺伝子を具体的にイメージすることができるようになると，当然の成り行きとして，遺伝子の本体は何なのか，形質

第Ⅲ章 "いのち"の実体　　93

を決めている物質は何なのか，との疑問が生じる．

　メンデル遺伝学は親から子への垂直伝播の様式に関する法則である．したがって減数分裂と受精を伴う有性生殖を行う生物しか実験対象にならない．しかし，有性生殖（交配実験）で次世代の形質を調べるには時間と手間を要する．

　では交配実験のできない生物には遺伝という現象は存在しないのかというと，そんなことはない．親から子へ「垂直伝播」する物質は，細胞から細胞へ「水平伝播」する物質でもある．遺伝子とは，増殖をしながら自己同一性（大腸菌は大腸菌でありつづけ，ヒト細胞はヒト細胞でありつづける）を保持する物質に他ならない．

　そうであるなら，どんな生物でも遺伝学の実験材料になりうるということで，バクテリア，ファージ（バクテリアに寄生するウイルス），アカパンカビ，ゾウリムシ，酵母などの増殖の速い「微生物」が，遺伝学の新たな研究材料として注目されるようになってきた．

　ヒトの DNA を理解したいなら大腸菌やウイルスの DNA を使うのがよい，とする着眼の卓抜さはどうだろう．今ならだれでも当然のようにそう言えるが，当時の私たちは息を飲む思いで，目から鱗の落ちる思いで，微生物遺伝学の到来を迎えていたことを思い出す．

　当時，はやった言葉がある．

　"What is true for E. coli is also true for elephants."
　（大腸菌について言えることは，ゾウについても言える）．

E. coli というのは大腸菌の学名で Ethelichia coli のことだ．最後を

elephants としたのは *E. coli* との対比を意識してのことで，もちろん humans（ヒト）が含意されている．

　今こんな話をもち出すのは，ヒトの老化や寿命を理解するのにゾウリムシを研究材料にしている私に，やはりヒトに近いマウスやラットで研究しないとダメですよ，とアドバイスしてくれる人がいたからだ．しかし，ヒトは生命の誕生以来 38 億年の歴史を背負っていることを忘れてはならない．遺伝の仕組みやエネルギーの供給法などはバクテリアと共有しながら，"老死"を知らなかったバクテリアとは違う進化の経路をたどったのである．その分岐に遡る考察を欠いて，老化の本質が捉えられるだろうか？

　さて，染色体はタンパク質と核酸（DNA）から構成されていることがわかると，遺伝子の本体はそのいずれかということになった．なお，ウイルスやバクテリアにはいわゆる染色体は存在しないが，情報伝達物質という意味で，遺伝子を染色体とよぶことがあり，その場合の核酸は DNA とは限らず RNA であることがある．

　さて「遺伝子の本体はタンパク質か核酸か？」と尋ねたとき，遺伝子であることの特性として，タンパク質または核酸に何を求めればよいのだろうか．

　タンパク質または核酸が"遺伝子"であるためには，次の三つの条件を満たさねばならない，というのが大方の理解であった．

① "突然変異"を起こす物質である．
② "形質"を支配する物質である．
③ "自己複製"する物質である．

第Ⅲ章 "いのち"の実体 95

以下①〜③のそれぞれについての，代表的な検証実験を挙げる．

① 突然変異は紫外線によって誘発される．電磁波である光は波長によって名称が変わる．以下，波長域は文献により若干異なるが，約400〜約700 nm までが「可視光線」，それよりも波長の長い側が「赤外線・電波」，短い側が「紫外線」である．紫外線はさらに UV-A（320-400 nm），UV-B（290-320 nm），UV-C（190-290 nm）に区分される．X 線，γ 線は，それよりもさらに波長の短い電磁波である．因みに α 線，β 線は，「電磁波」である X 線や γ 線とは異なり，α 線はヘリウムの原子核の流れ，β 線は電子・陽電子の流れで，原子核の放射性崩壊に際して放出される「放射線」である．

電磁波である光は，吸収されることによって初めて作用を及ぼす．可視光線は視物質ロドプシン（ビタミン A の誘導体であるレチナール＋タンパク質オプシン）によって吸収されるが，短波・中波・長波などの通信用電波を吸収する生体物質は存在しないため，体を通過するだけで何の作用も及ぼさない．

紫外線が突然変異を起こすのは遺伝子によって吸収されるからである．突然変異を誘発する最も有効な紫外線は 260 nm の波長の UV-C であるが，DNA の吸収極大も同じ 260 nm であるのに対し，タンパク質の吸収極大は少しずれて 280 nm であった．すなわち遺伝子はタンパク質ではなく DNA であるとみなしうる．

② 肺炎双球菌 *Diplococcus pneumoniae* には，菌体表面が滑らか（smooth）で病原性のある S 型菌と，粗くて（rough）病原性のない R 型菌とがある．

1928 年に F. グリフィスは次のような実験を行い、「形質転換」と呼ばれる現象を発見した。マウスに病原性の S 型菌を注射するとマウスは死に、死体には増殖した S 型菌が見出された。マウスに非病原性の R 型菌を注射しても、また病原性の S 型菌を熱処理（65℃, 30 分）したのちに注射しても、マウスは生存した。ところが、熱処理した病原性の S 型菌と、非病原性の生きた R 型菌とを混合感染すると、マウスは死亡し、死体には増殖した S 型菌が見られた。このことは、S 型菌に含まれる熱に安定な物質が、非病原性の R 型菌を病原性の S 型菌に「形質転換」させたと考えた。

熱処理して殺した S 型菌をすりつぶして抽出液をつくり、それと一緒に生きた R 型菌をマウスに注射しても、マウスは死亡し、死体から生きた S 型菌が回収できた。すなわち S 型菌の抽出液には形質転換活性をもつ物質が含まれると考えられる。1944 年に O. T. エーヴリーは次のような実験を行い、形質転換活性をもつ物質の本体を突き止めた。S 型菌の抽出液を、タンパク質分解酵素や、RNA 分解酵素で処理して用いても、形質転換活性は保持された。ところが、DNA 分解酵素で処理した抽出液を使った場合には、形質転換活性が失われた。このことは、形質転換活性をもつ遺伝子は DNA であることを強く示唆した歴史的実験として知られる。

③ T_2 ファージは、細菌に感染して増殖するウイルスで（細菌ウイルスをファージという）、外殻タンパク質が DNA を取り囲むだけの単純な構造をもっている。外殻タンパク質の構成元素は CHONS、内部の DNA は CHONP で（87 頁）、両者は S を含むか

第Ⅲ章 "いのち"の実体　97

Pを含むかの違いで区別できる.

　1952年，A. D. ハーシーとM. チェイスは，T$_2$ファージの外殻タンパク質を放射性同位元素 ^{35}S で標識し，DNAを同じく ^{32}P で標識したあと大腸菌に感染させ，それぞれの標識元素を追跡した．感染後，細菌の表面に付着したファージを激しく撹拌して引き離すと，^{35}S のラベルは菌体外に，^{32}P のラベルは菌体内に検出された．ファージが増殖して大腸菌の細胞壁を破って外に出た段階では，^{32}P のラベルは新しく作られたファージの一部に検出された．このことは，（タンパク質ではなく）DNAが細菌内部に侵入して，大量の新しいファージDNAの鋳型になっていることを示している．

　植物性ウイルスであるタバコモザイクウイルス（TMV）は，外殻タンパク質がRNAを取り囲むだけの単純な構造をもち，1935年に W. M. スタンリーにより初めて「結晶化」された．1956年，A. ギエラーは，TMVをタンパク質とRNAに取り分け，それぞれをタバコの葉に塗り付けると，RNAを感染させた場合にのみTMVウイルスが増殖することを証明した．この実験は，増殖を支配すると同時に形質を支配するのはRNAであり，タンパク質ではないことを示している．

　こうして，20世紀半ばには，遺伝子の本体がDNA（一部はRNA）であることは誰の目にも明らかになった．そして1953年には J. D. ワトソンと F. H. C. クリックによりDNAの二重らせん構造が解明され，ここに分子遺伝学の時代が始まった．

　私は1961年に大学生となり，1965年に大学院でゾウリムシの

98　第Ⅱ部　"いのち"のつながり

研究を始めたのだが，ワトソン達がDNAの二重らせん構造の発見により1962年にノーベル賞を受賞したことは私にとってビッグニュースではなかった．この発見に驚くことができる教養が無かったからだ．彼が1965年に出版した"*Molecular Biology of the Gene*"という本こそが私にとってのビッグニュースであった．実は，大学院の特別講義で柴谷篤弘さんによる最先端の分子遺伝学の講義を受けていて，私がワトソンさんの「あの本」を入手したとき，読む前からその内容を知っていたということが，私にとっての二重の驚きであった．

DNA の半保存的複製

　1953年 *Nature* 171号に掲載されたワトソンとクリックによるDNA二重らせんモデルは，わずか2頁（実質1頁相当）の論文であったが，画期的な大論文であった（この論文とは別に，同じ号の964-967頁に掲載された，同じ著者によるやや詳しい論文がある）．

　DNAはA（アデニン），T（チミン），G（グアニン），C（シトシン）の4塩基から成り，AとT，GとCが対合するかたちで「逆向きの極性をもつ二本鎖のらせん構造」をもつという実にシンプルで美しいモデルで，DNAの複製が半保存的であることを，言わずもがなに示している．例えば，図15のような配列をもつDNAが複製されるとき，二本鎖の「親鎖」の一方が「子鎖」のA：T＆G:C対合の鋳型となることで，複製された二つの「子鎖」には，「親鎖」の半分が保存されながら（半保存的複製），DNAの配列は変わらない．

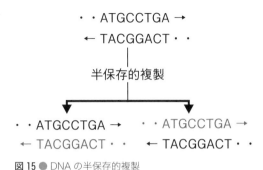

図 15 ● DNA の半保存的複製

DNA 複製の開始と終了，複製の方向性，複製酵素，複製エラーの修復など，複製に関する興味深い話題は沢山あるが，ここでは割愛させていただく．

コラム❺ ナンバーワンとオンリーワン
column

　私の大学院時代は，いわゆる「全共闘運動」のさなかにあり，京大動物学教室では博士課程への進学の際の修士号判定をめぐり「学問の判定は可能か」というテーマで，院生と全教員との団交的議論が展開されていた．それぞれの分野で輝かしい業績を上げてきた教員たちを前に，駆け出し研究者の院生が，連日のように学問の意味を問うという活動は稀有な事例ではなかったかと思う．「研究妨害だ」と批判的な人も少なくなかったが，私自身はのちに教員となったあと，当時の自分の言行が常に自分に向かって厳しく自己批判し続けることになり得難い教訓になった．

　京大動物学教室には，学問スタイルとして，ナンバーワンを目指すべしという教師と，オンリーワンを目指すべしという教師がいた．

それぞれの典型的代表者として岡田節人さんと伊谷純一郎さんが頭に浮かぶ（どんなえらい先生も当時はみな「さん」付けで呼んでいたのでここでも「さん」で通させていただく）．岡田さんの口癖は「学問ちゅうのはナ，世界中が注目しているようなテーマに最新の技術を駆使して真正面から取り組んで，そこでオリジナリティを発揮できるかどうかが勝負やで」というもので，院生の多くはこの言葉に共鳴していたと思う．

　当時私は伊谷さんの『高崎山のサル』という本を読んでいて，院生時代の伊谷さんが高崎山にこもってニホンザルの群れを追いかけ，群れとの遭遇は何回目だ，群れのメンバーの数は何頭だった，それぞれのサルの様子はかくかく・・・といったことを丁寧に描写していくのを読みながら，なんでこんな仕事が「学問」なのだろうと，不思議に思っていた．あるとき失礼にも伊谷さんにその疑問を直接ぶつけてみた．「世界中が注目しているようなテーマを追っかけるなんてつまらないでしょう．学問をやるなら世界中の誰もがやっていないようなテーマを自分で見つけて，それを世界中に注目させるような形にする方が面白いでしょう」という返事をいただいた．

　言うまでもないことだが，研究者の誰もが世界一になるなどということはありえない話である．すべての研究者が分子遺伝学の流行りに乗った最先端の研究ができるわけでもないし，する必要もない．現実にはナンバーワン志向ではなくオンリーワン志向で行くしかないが，理想的にはナンバーワン志向を秘めたオンリーワン志向であるべきだろう．伊谷流のオンリーワンは一見誰にでも当てはまりそうだが，岡田流の学問世界の脱落者の逃げ口上にも使われうる．伊谷さんご本人を見ればわかるように，伊谷流で大成するには，実は天才的な能力を要するのだということを見逃しがちである．

　私自身はゾウリムシを使った寿命生物学という，時代遅れと言われたテーマに取り組み続けてきた．本当は DNA に関わる先端の研

第Ⅲ章 "いのち"の実体　101

究をやりたかったのだが，私のおかれた研究環境では，設備や資金に恵まれなくても私が使命感をもって取り組める研究をやるべきだ，と思ったに過ぎない．今私はできる限りの力を尽くしてきたと満足している．

2 形質とは何か？

遺伝子の本体は，染色体を構成する二大高分子のうち，タンパク質（ヒストン）ではなく DNA であるとわかったのだが，では形質の本体は何か？

ここまでの段階で形質として注目されたのは，例えばバクテリア（肺炎双球菌）やウイルス（細菌ウイルスやタバコモザイクウイルス）の「病原性」や「増殖性」であった．ではその形質である「病原性や増殖性を決めている本体は何か」という問題である．

形質と言えば，メンデルが着目した七つの形質——種子の形，種子の色，種皮の色，莢の形，莢の色，花のつき方，茎の高さ——には，形，色，花序，背丈といったおよそ違った種類の特徴が含まれるが，そうした形質を決めている物質的本体は何なのか．そもそも形質に単一の本体なるものがあるのかどうかもわからない状況の中で，どうしたら「形質の本体は何か」の問いに答えることができるか．

ヒトの形質にしても，毛髪や目の色の違い（黒髪・碧眼など），血液型の違い（A 型・B 型など），指紋の型の違い（渦型・弓型など）

などは遺伝形質だとわかっているが，そうした形質の違いは，何がどのように変化することによってもたらされるのか．

　毛髪や目の色の違いはメラニンという色素の形成に関わるタンパク質で説明できそうだ．ABO式血液型の違いは赤血球細胞の膜表面から突き出ている抗原物質の違いだが，この抗原物質の本体は糖鎖だとわかっている．タンパク質がどう関与するのか．ましてや指紋の渦型と弓型の違い，エンドウの花のつき方の頂性と腋性との違い，などを生みだす原因をタンパク質の違いとしてどう説明できるのか，長い間不明であった．

　すでに1909年にはイギリス人医師A. E. ギャロッドが，アルカプトン尿症という遺伝病は，代謝異常ではないかと推定していた．この患者の尿には，通常は排出されないアルカプトン（ホモゲンチジン酸とも言う）という物質が排出され，酸化されて黒い尿になる．遺伝子の異常によってアルカプトンを分解する酵素に欠陥を生じているのではないか，つまり形質を支配しているのは酵素タンパク質ではないか，との推定であった．

　「遺伝子の本体であるDNAと，形質の本体であるタンパク質」という関連性が不動の原理として確立されるに至ったのは，一つには，アカパンカビを実験材料に，突然変異により栄養要求性が変化する原因について研究したG. W. ビードルとE. L. テータムによる“一遺伝子一酵素説”の提唱（1941年）であった．今一つは赤血球の突然変異がヘモグロビンを構成する一ポリペプチドの異常と対応することを発見したL. C. ポーリングによる“一遺伝子一ポリペプチド説”の提唱（1960年）であった．この時点で，

第Ⅲ章 "いのち" の実体　　103

形質は（酵素だけとは限らない）タンパク質である，との認識が確定した．

　形質という表現型はタンパク質の機能の表れであり，タンパク質の特性はアミノ酸配列の指令情報として遺伝子 DNA の支配下にある，との認識は今では疑いようのない生物学の大原則と言っても過言ではない．しかし現実には，生物の特徴——形質——のすべてが DNA で決められるわけではない．

　例えばゾウリムシでは，繊毛をつくる主要なタンパク質であるチューブリンは遺伝子 DNA が支配しているが，繊毛の並び方（前向きか後ろ向きか）は，遺伝子の支配とは無関係に，「すでに存在する」繊毛列の方向性によって新しい繊毛列の方向性が決められる．

　例えば狂牛病の原因とされるプリオンも，正常な遺伝子によって作られた正常なプリオンタンパク質であっても，有害プリオンに触れることによって有害な形質に変わってしまう．

　ではこうした既存のパターンが形質を支配する現象が，絶対に遺伝子とは無関係と断言できるかというと，そうとも言えない．これまで知られていなかった未知の遺伝子が，注目している現象とは無関係と見える「背後の現象」を支配していて，二次的に既存のパターンに影響しているといった可能性も否定できないからである．

タンパク質の演じる "いのち" の劇

　遺伝学での「形質とは何か」との問いは，「いのちとは何か？」

104 第Ⅱ部 "いのち"のつながり

との問いと通じ合っている．"いのち"の場である細胞で"いのち"の劇が演じられていて，それを演じているのがタンパク質である，ということになろうか．

ところで，ヒトの遺伝子の数は約2万種類と言われる．ここで言う遺伝子とは，mRNAを介してタンパク質を指令する情報である．実際には，mRNA以外の様々な種類のRNA（rRNA，tRNA，miRNAなど）を指令する遺伝子が沢山あるだけでなく，一遺伝子から複数の機能の異なるポリペプチドが産生される（選択的スプライシングと呼ばれる）例が多く知られている（なおスプライシングについては第Ⅴ章3節の第1項（213頁）を参照されたい）．

したがって遺伝子の数とタンパク質の数は一致しないが，ここでは細部にこだわらないで，"いのち"の場である細胞の核の中の染色体に納められている約2万種類の遺伝子が，約2万種類のタンパク質を駆使して"いのち"を実現している，とみなす．

われわれが"いのち"という言葉を口にするとき，分子・原子などのモノでは表現できない，実に複雑・不可思議な何かを想像しがちであるが，生物学を学ぶとこれまで摩訶不思議と思ってきた"いのち"が，たった（！）約2万種類のタンパク質を駆使して演じられているという，あまりの単純さに驚かされる．生物の不思議は，その複雑さにこそあると思っていたのに，こんな単純な構図で説明できるとは，という驚きである．

約2万種類の遺伝子と言っても，たった4種類の塩基の直線的な配列に過ぎない．

約2万種類のタンパク質といっても，たった20種類のアミノ酸の直線的な配列に過ぎない．人間という，かくも複雑怪奇な生

第Ⅲ章 "いのち"の実体 105

きものが，こんな簡単な機構で動いているなんてとても信じられない．

　一旦，あまりの単純さに唖然とした後に，じわりじわりと「それにしても・・・」という思いが湧きあがってくる．例えば100個のアミノ酸からなるタンパク質は，20の100乗種類もありうるのに，なぜわずか2万種類のタンパク質しか使っていないのか？

　この疑問については後に改めてとりあげるとして，ここでは細胞という舞台での"いのち"の劇を演じるタンパク質たちの顔ぶれを紹介しよう．実際のタンパク質の種類について思いつくものを挙げてみる．例えば・・・

- 体を作るタンパク質（血液，筋肉，骨，軟骨，爪，毛髪，細胞骨格，細胞膜，繊維性物質など）
- 代謝に関わる酵素タンパク質（消化，吸収，排泄，呼吸，循環，生合成，分解，エネルギー生成，成長・分化・形態形成など）
- 調節機能を担うタンパク質（機能促進・抑制因子，異常の感知・修復・廃棄，細胞周期のチェックポイント，アポトーシス，オートファジーなど）
- 運動を担うタンパク質（遊泳・飛翔・歩行運動，走性，忌避，探索，捕獲，逃走，細胞内輸送など）
- 生体防御系のタンパク質（抗原提示，抗体，抗菌物質，食作用，熱ショックタンパク質など）
- 性物質（接合物質，フェロモン，性決定因子，性成熟関連物質，

106　第Ⅱ部　"いのち"のつながり

有性生殖関連物質など）

- 情報伝達に関わるタンパク質（受容体，神経伝達物質，シグナル伝達など）
- 遺伝情報に関わるタンパク質（複製，転写，スプライシング，編集，翻訳など）

　約2万種類のタンパク質をすべてリストアップすることは不可能である．私の手に余るというのが主な理由だが，遺伝子として存在することがわかっていて，つくられるタンパク質が同定されているのに機能不明のものが含まれるからである．

　それだけではない．直接タンパク質を指令しないが，様々なRNAを作ることによってタンパク質の合成や機能に干渉する遺伝子が大量に存在することがわかってきたが，まだ全容解明に遠いというのが現状である．

　"いのち"の場である細胞という構造体を作りあげている物質には，タンパク質の他に脂質，炭水化物，核酸（DNAとRNA）などの有機高分子がある．例えば細胞膜は脂質とタンパク質から，貯蔵物質であるデンプンは糖から，染色体は核酸とタンパク質からできている．有機高分子の素材物質は，アミノ酸，脂肪酸，グリセリン，糖，ヌクレオチドなどの有機低分子である．

　素材物質は餌として取り入れる．食べるということは，他者の"いのち"を自分の"いのち"に変えることに他ならない．捕獲・消化・吸収・生合成といった過程で主役を演じるのはタンパク質である．最終的な生産物が何であれ，生産ラインを支配しているのは酵素タンパク質なので，"いのち"の舞台装置をつくってい

第Ⅲ章 "いのち"の実体　107

る主役がタンパク質であることは間違いない.

3 遺伝子はどのように形質を支配するか？

「DNAは形質を支配する物質である」ということは，「DNAはタンパク質を支配する物質である」ということだとわかったのだが，「どうやって？」という核心の問題が残された.「4種類の塩基からなるDNAと，20種類のアミノ酸からなるタンパク質がどうつながるのか？」という問いである.

これは暗号解読の問題に他ならないと看破した物理学者G.ガモウは，1954年，4種類の塩基が個別のアミノ酸に対応するのでは4種類のアミノ酸しか指定できないこと，4種類の塩基の2連続暗号（4×4＝16）でも必要数をカバーできないことから，4種類の塩基の3連続（4×4×4＝64）しか解はないと提唱した.

数の対応だけからすれば，4種類の塩基の4連続でも5連続でも構わないのだが，「自然は簡潔を好む」という物理学者的発想から，必要最低限の3連続暗号説（トリプレット説）を提唱したのであった.しかしトリプレット説では暗号（コドン）の種類は64通りもあり，20種類のアミノ酸を指定するには無駄が多すぎるのではないかとの指摘もあった.

一方，4種類の塩基からなるDNAが，20種類のアミノ酸からなるタンパク質を直接指定するのではなく,核にあるDNAはいったんその情報をRNAに写し取らせて（**転写**という），RNAは核から細胞質に出てリボソームという粒子上でアミノ酸配列に置き換

108 第Ⅱ部 "いのち"のつながり

えられる（**翻訳**という）ことがわかってきた．DNA ⇒ RNA ⇒ タンパク質という一方向的な（不可逆的な）情報の流れをセントラルドグマという．

遺伝暗号表

DNA の 4 種類の塩基（アデニン A，チミン T，グアニン G，シトシン C）が RNA の 4 種類の塩基（アデニン A，ウラシル U，グアニン G，シトシン C）に転写されるとき，アデニン A は（チミン T にではなく）ウラシル U に置き換えられる．この A → U 変換以外は，T → A，G → C，C → G で，DNA 複製のときと変わらない．したがって遺伝暗号の解読は，RNA の 4 塩基（A，U，G，C）がどのようにして 20 種類のアミノ酸を指定するか，という問題である．

遺伝暗号の解読は誰が 1 番に解答を提示できるかの競争になり，見事な解法を使って急速に進んだ．先鞭をつけたのはアメリカの生化学者 M. W. ニーレンバーグで，1961 年，ウラシル U だけからなる RNA（ポリ U）を細胞抽出液に入れて，フェニルアラニン（Phe）だけからなるタンパク質の合成を確認した．ポリ U がフェニルアラニン（Phe）の暗号であることがわかると，直ちにポリ C，ポリ A，ポリ G を使った実験が続き，CCC はプロリン（Pro），AAA はリジン（Lys），GGG はグリシン（Gly）の暗号であるとわかった．

遺伝暗号表は上段から下段に向かって発見順に U → C → A → G の順になっている．

第Ⅲ章 "いのち"の実体 109

　その後2種類の塩基の混合割合を変えた人工RNAや，3種類の塩基だけからなるミニRNAを作成しての実験など，米国人H. G. コラーナ，スペイン生まれの米国人S. オチョアらの貢献により，1966年にはすべての遺伝暗号が解読された（図16）.

　予想された通り，4文字のヌクレオチドの3連続からなる64種類の配列が暗号（コドン）として使われているのだが，20種類の他に，どのアミノ酸にも対応しない（翻訳終了を意味する）3種類のストップコドン（UAA, UAG, UGA）が含まれること，1種類のコドンしかもたないアミノ酸はトリプトファンとメチオニンだけで，他のアミノ酸については，2種類のコドンをもつ8アミノ酸（チロシン，システイン，ヒスチジン，グルタミン，アスパラギン，リジン，アスパラギン酸，グルタミン酸），3種類のコドンをもつ1アミノ酸（イソロイシン），4種類のコドンをもつ7アミノ酸（フェニルアラニン，ロイシン，プロリン，トレオニン，バリン，アラニン，グリシン），6種類のコドンをもつ2アミノ酸（セリンとアルギニン）など，暗号がだぶついていることが明らかになった（遺伝暗号の「冗長性 redundancy」）.

　こうしてDNAの（ひいてはRNAの）塩基配列を，特定のアミノ酸配列のタンパク質に対応づける「遺伝暗号表」が完成したのである．しかし「4つの塩基の配列」を，「遺伝暗号表」に従って「20のアミノ酸の特定の配列に並べ替えること」ができるとわかったからと言って，「両者の関連性を理解した」という感じをもてるだろうか？

　なるほど，100アミノ酸からなるタンパク質は20^{100}（$\fallingdotseq 10^{130} \fallingdotseq \infty$）種類あり，300塩基からなるDNAもしくはRNAは4^{300}（$\fallingdotseq 10^{180} \fallingdotseq \infty$）

110　第Ⅱ部　"いのち"のつながり

遺伝暗号表

	U	C	A	G	
U	Phe(F) Phe Phe Phe	Ser(S) Ser Ser Ser	Tyr(Y) Tyr stop stop	Cys(C) Cys stop Trp(W)	U C A G
C	Leu(L) Leu Leu Leu	Pro(P) Pro Pro Pro	His(H) His Gln(Q) Gln	Arg(R) Arg Arg Arg	U C A G
A	Ile(I) Ile Ile Met(M)	Thr(T) Thr Thr Thr	Asn(N) Asn Lys(K) Lys	Ser(S) Ser Arg Arg	U C A G
G	Val(V) Val Val Val	Ala(A) Ala Ala Ala	Asp(D) Asp Glu(E) Glu	Gly(G) Gly Gly Gly	U C A G

図16●遺伝暗号表のU，C，A，Gを，表の左・上・右の順にたどった3文字がアミノ酸に対応する．各枠内の初出のアミノ酸にのみ（　）に1文字記号を記した．Phe：フェニルアラニン，Ser：セリン，Tyr：チロシン，Cys：システイン，Trp：トリプトファン，Leu：ロイシン，Pro：プロリン，His：ヒスチジン，Gln：グルタミン，Arg：アルギニン，Ile：イソロイシン，Met：メチオニン，Thr：トレオニン，Asn：アスパラギン，Lys：リジン，Val：バリン，Ala：アラニン，Asp：アスパラギン酸，Glu：グルタミン酸，Gly：グリシン．

種類ありえるが，どちらかが一旦特定の配列に決まりさえすれば，「遺伝暗号表」がある限り，他方の配列は自動的に特定される．しかし「塩基配列とアミノ酸配列の，どちらが先に決まったのか？」，そして「それぞれの無限の可能性の中からいかにして特定の配列が選択されたのか？」といった問いは，謎のまま残され

第Ⅲ章　"いのち"の実体　111

ている.

　この問題は，情報の流れとして全生物に共通な「セントラルド
グマ」（DNA ⇒ RNA ⇒ タンパク質）が，いかにして成立しえたの
かを生命の起原に遡って考察することにつながる．この問題は改
めて第Ⅴ章で取り上げる.

　現実の細胞内では，特定のアミノ酸配列をもつタンパク質がつ
くられると，それがどういう機能を果たすべきタンパク質である
かが，瞬時に読み取られる．この「機能を読み取る」という作業
なしには，あるものはレセプターとして細胞膜表面に，あるもの
はホルモンとして細胞外へ，あるものは DNA の複製のために核
へ，そして他は細胞質の特定の部位へといった，次の「機能部位
への運搬」という作業は起こり得ない.

　特別な訓練を受けた専門家なら，解読されたアミノ酸の配列を
見て，特定のアミノ酸の配列順序や集中具合によって，機能と移
送先をある程度は予測できる．最近はアミノ酸配列を瞬時に読み
取る装置の開発が進み，厖大なデータベースと照合することに
よって，「遺伝子語」の解読は飛躍的に進んでいる．こうして 21
世紀になってヒトがやっとできるようになったことを，細胞は数
十億年前から実施しているのである.

　平仮名・片仮名・漢字で書かれた日本語の文章を読んで日本人
なら意味を読み解くことができるが，日本語を知らなければ読み
取れない．英文や仏文だって，英語やフランス語を知らなければ
解読不能の暗号だ．しかし生物は，バクテリアからヒトまでほぼ
すべてが，共通の「遺伝暗号表」を使っているのである．アジア

112　第Ⅱ部　"いのち"のつながり

人もヨーロッパ人も，南北アメリカ人もアフリカ人も，ほぼすべ
ての人が同じ言語を使っているようなものだ．

コラム❻ 仮想の「英文暗号表」
column

　図16の遺伝暗号表を見るたび
に，生物のもつ計り知れない賢明
さに感嘆する．遺伝子をDNAで
賄い，形質をタンパク質に担わ
せ，あらゆるタンパク質の機能を
20種類のアミノ酸の違いで表現
できるというシステムの妙が，こ
こに凝縮されているのである．

　そこで，右のような仮想の「英
文暗号表」を作ってみた．大文字
と小文字のアルファベット計52
字に加え，ピリオド，コンマ，（ ）

	T	C	A	G	
T	A a E e	B b F f	C c G g	D d H h	T C A G
C	I i M m	J j N n	K k O o	L l P p	T C A G
A	Q q U u	R r V v	S s W w	T t X x	T C A G
G	Y y (%	Z z) ?	start ・ skip !	space , / =	T C A G

/%？！＝等に加え，start，space，skipなど64種類の記号をカ
バーできるようにした．

　自分で作ってみてすぐにわかったことは，少し込み入った数式や
特殊記号等を含む文章を書くにはたちまち記号が不足してしまうこ
とである．タンパク質のどんなに複雑な機能もアミノ酸配列の違い
だけでこなしている生物の遺伝暗号表との違いを痛感させられた．

　次の暗号文は，部分的にせよなんとか現実の遺伝子に似せられな
いかと，100字弱でつくったものである．仮想の「英文暗号表」を
使って解読してみていただきたい．

第Ⅲ章 "いのち"の実体　　113

【暗号文】

GATCTAACCGACGGTAGTGACGGTGATCTAACCGACGGT
GTTGACGGTGAAGATCGCCAGACGTTGAACGGTGATTGG
TTGACCGAAGATGTCCAGATGGAC

【英文暗号表を使っての解読】

GAT CTA ACC GAC GGT AGT GAC GGT **GAT** CTA
　☝　M　r　.　⊔　T　.　⊔　☝　M
ACC GAC GGT GTT GAC GGT **GAA GAT** CGC CAG
　　r　.　⊔　Y　.　⊔　☜　☝　l　o
ACG TTG AAC GGT **GAT** TGG TTG ACC **GAA GAT**
　　v　e　s　⊔　☝　h　e　r　☜　☝
GTC CAG ATG GAC
　　y　o　u　.

【解読文】

Mr. T. loves you.

　GAA（skip：☜）が現われたときには、「その前の GAT（start：
☝）から GAA の範囲をスキップせよ」の意味である．現実の遺伝
子 DNA には、意味をもつ "エキソン" と呼ばれる配列の間に、最
終的に意味をもたない "イントロン" と呼ばれる配列が介在してい
て、最終的にはイントロン部分が削除されることを模してみた．

　もし GAA（skip）が GAT（start）の前に位置するような突然
変異が起これば（GAT が重複して GATGAT となり、前方の GAT
が 1 文字変換して GAAGAT になれば可）、上記暗号は Mr. T. loves
you. 以外に、Mr. T. loves her.　Mr. Y. loves you.　Mr. Y. loves
her. の 3 通りの文を作りうる．スキップ領域が変わることによって
暗号文の意味が変わるような変化は、あるイントロン配列の除去が

114　第Ⅱ部　"いのち"のつながり

スキップされることによって，本来とは異なるタンパク質がつくられる"選択的スプライシング"を想定している．

　1文字が付加（挿入）または欠失（削除）されると，それ以降の読み取り枠が変わるので意味を成さなくなる．例えば上記暗号文の冒頭にAが1文字付加されると，AGAに始まる暗号文はXBsPpgh・・・のような意味を成さない文になる．このような「読み枠の変わる突然変異」を"フレームシフト突然変異"という．

　それにしても，ほぼ全生物に共通な遺伝暗号表がどのようにして創案され，なぜ何十億年も変わらずに使い続けられているのか．

　実を言うと，一部とはいえ例外的暗号使用をする生物もいるのである．例えば，stopコドンであるUGAが，CysやTrpのコドンに使われたり，ArgのコドンであるAGAやAGGが，stopコドンやSerのコドンに変わっている例など．そうした例外的使用が知られている遺伝子は，上記以外にも分散的に，ミトコンドリア，原生生物，植物，菌類，動物（無脊椎動物から哺乳類まで）にわたり広く見られるが，グループ全体の特徴ではなく，種ごとに異なる．つまり，図16の暗号表以外は絶対にダメということではないのだ．

　ではなぜ遺伝暗号表の「多様化」が起こらなかったのか．例えば哺乳類から魚類まで脊椎動物は同じ遺伝暗号表を使うが，トンボやミミズやクラゲなど無脊椎動物は違う暗号表を使うといったことがなぜ起こらなかったのか．動物はすべて同じ，植物もすべて同じ，しかし動物と植物とでは暗号表が違うといったことがなぜ起こらなかったのだろうか．この疑問は，現代生物学の未解決

第Ⅲ章　"いのち"の実体　　115

の大問題の一つである.

転写と翻訳

　本章でここまで見てきた「遺伝子理解」をたどると，最初は図
17上段の左と中央に示したように，特定の染色体上の特定の位
置に「点」で表記されるような記号（ここではAとa）であった.
やがて遺伝子は二本鎖DNA上の「領域」であると知る（図17上
段右）.そこはA（アデニン），T（チミン），G（グアニン），C（シ
トシン）の4塩基が，AはTと，GはCと，逆方向に向かい合っ
て並んでいる（図17下段）.二本鎖DNAの一方は"鋳型鎖"，他
方は"暗号鎖"と呼ばれる.鋳型鎖の塩基配列がT ➡ A, A ➡ U,
C ➡ G, G ➡ Cの対応原則に従ってmRNA（メッセンジャー
RNA）に"転写"されるので，転写されたmRNAの塩基配列は，
TをUに置き換えたDNAの暗号鎖の配列と同じである.

　転写は染色体DNAが収納されている核内で起こるが，転写さ
れたmRNAの塩基配列を遺伝暗号表に従ってタンパク質に変換
する"翻訳"は，細胞質で行われるので，mRNAは核膜を出て
リボソームに移動しなければならない.翻訳は，20種類のtRNA
（トランスファーRNA）が運ぶ20種類のアミノ酸を，mRNAのコ
ドンに応じて順次つなげていく作業である.

　こうしてDNAの塩基配列として暗号化された遺伝情報が，形
質としてのタンパク質に「解読」される情報の流れが"セントラ
ルドグマ"として確立されたあと，これで「全体の流れはわかっ
た」が，相変わらず「本当にわかった」とは思えないでいた.そ

116 第Ⅱ部 "いのち"のつながり

れは何よりも，アミノ酸の特定の配列が，タンパク質の特定の機能と結びつかなかったからだ．

ところが，多少なりとも「そうかわかった」という思いがした数少ない事例がある．それは，グロビン遺伝子のたった 1 個の塩基の変異（A ➡ T）が，グロビンタンパク質のアミノ酸の変異（Glu ➡ Val）を引き起こすことによって（図 17 下段枠内の右側），ヘモグロビンの構造的異常をもたらし，酸素運搬能に障害を生じ，**鎌形赤血球貧血症**という病気を引き起こすという L. C. ポーリングらの研究について知ったときだった．

βグロビンタンパク質と鎌形赤血球貧血症

ヒトの赤血球は酸素運搬を担うヘモグロビンを内包した無核の細胞である．ヘモグロビンはグロビンと呼ばれるタンパク質に色素ヘムが結合したものである．グロビンタンパク質には α と β の 2 種類のサブユニットがあり，1 分子のヘモグロビンは，2 α ＋ 2 β のグロビン 4 量体に，4 個のヘムが結合した構造をとる．

鎌形赤血球貧血症というヘモグロビン異常の遺伝病の原因が，β グロビンを指令する遺伝子の 17 番目の塩基が A から T に置き換わることによって，146 アミノ酸から成る β グロビンの 6 番目のアミノ酸がグルタミン酸 Glu からバリン Val に変化したことによることがわかり（図 17），分子病として大きな注目を浴びた．因みに α グロビンは 141 アミノ酸から成る．

正常遺伝子を *A* で表示し，異常遺伝子を *S* で表示すると，*A/A* は正常，*A/S* または *S/S* が異常となる．438 塩基対のうち，たっ

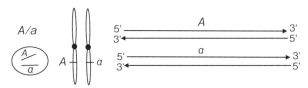

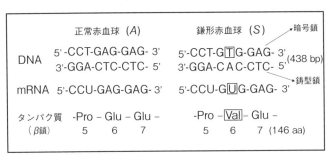

図17 ●遺伝子の表記法と，転写と翻訳．遺伝子 *A* と *a* は，最初は染色体上の点として表示されていたが，遺伝子 DNA の一定の領域として認識されるようになった（上段）．やがて DNA から mRNA への転写とアミノ酸配列への翻訳により，形質を担うタンパク質がつくられるという図式が確立し，赤血球異常の遺伝病が分子病（鎌形赤血球貧血症）として説明できるに至る（下段）．

た1か所での塩基置換がもたらした1個のアミノ酸置換が，グロビンタンパク質の分子としての立体構造を変えることによって酸素運搬能を低下させ，貧血をもたらし，赤血球細胞の形まで楕円形から鎌形に変形させる，というのである．

　酸素運搬という重要な機能を担う赤血球に異常をもたらす突然変異なら，そのような変異をもつ個体は"自然淘汰（自然選択）"によって排除されてしまうはずで，実際 *S/S* のヒトはまず生存できない．ところがアフリカのマラリア罹患者の多い地域では，異

118　第Ⅱ部　"いのち"のつながり

常遺伝子をヘテロでもつ A/S のヒトが，A/A のヒトよりも多く住んでいる．その理由は，赤血球の鎌形化という形態異常が，ハマダラ蚊によって媒介されるマラリア原虫の侵入を妨げ，結果としてマラリア感染への耐性を高めているからだと考えられている．遺伝的変異と進化的な意味が小気味よく説明された例としても重要な研究であった．

　それにしても，β 鎖の5・6・7番目のアミノ酸が Pro-Glu-Glu と並んでいれば正常だが，Pro-Val-Glu となると異常になるというのは，やはり不思議でならない．「β グロビンタンパク質の立体構造が変わるから」というのは説明としては筋が通っているが，そもそも 146 アミノ酸の「正常な配列」はどうやって定まったのだろうか？　アミノ酸は 20 種類あるのだから，146 アミノ酸から成るタンパク質の種類は，20 の 146 乗，つまり 10 の 190 乗ほどもありうる（$20^{146}=2^{146}\times10^{146}≒10^{44}\times10^{146}=10^{190}$）．$10^{190}$ という数がどれほどとてつもない数であるか，想像を絶する．26 頁のコラム❷で記したように，$10^{16}=1$ 京を，12 回 1 京倍した数 $10^{16}\times10^{16}\times10^{16}\times10^{16}\times10^{16}\times10^{16}\times10^{16}\times10^{16}\times10^{16}\times10^{16}\times10^{16}\times10^{16}=10^{192}$ に近い ── あるいは 1 那由他（10^{60}）の 1 不可思議（10^{64}）倍の 1 無量大数（10^{68}）倍 $=10^{192}$ に近い ── と言っても納得のしようもない．β グロビンタンパク質は 10^{190} の可能なアミノ酸配列の中から，何らかの検証を経て選ばれた唯一のタンパク質なのだろうか？

　これまで調べられた世界中のヒトの β グロビン遺伝子は，例外なく 146 アミノ酸からできていて，これまで配列に違いがみつかっているのは 2，6，7，16，24，26，56，63，95 番目の 9 か

所のアミノ酸だけだそうだ．上述のように 6 番目のグルタミン酸がバリンに変わると「ヘモグロビン S」と呼ばれる病気をもたらすが，リジンに変わっても「ヘモグロビン C」と呼ばれるやや軽度の病気になることがわかっている．26 番目のグルタミン酸がリジンに変わっても「ヘモグロビン E」と呼ばれる病気になる．ではグルタミン酸の変化が問題なのかというと，7 番目のグルタミン酸がグリシンに変わった人がいるが，健常者と変わらない．逆に 95 番目のリジンがグルタミン酸に変わった人も健常者である．これ以外の 2，16，24，56，63 番目のアミノ酸で知られている変化も疾患とは無関係で，"遺伝子多型" と呼ばれる個体差の範囲を出ない．10^{190} の可能なアミノ酸配列をどう考えるべきなのであろうか？

146 アミノ酸から成る β グロビンは，DNA の暗合鎖では 438 塩基を占めることになる．塩基は 4 種類だから，可能性としては 438 塩基の配列は 4 の 438 乗通り，すなわち約 10 の 263 乗通りあることになる（$4^{438}=2^{876} \fallingdotseq 10^{263}$）．これは先に計算したアミノ酸の可能性 10 の 190 乗よりもはるかに多い．

二本鎖 DNA ⇒ 一本鎖 RNA ⇒ 一本鎖タンパク質の情報の流れが，情報量として対応しないのは何を意味しているのか，そもそも β グロビンがなぜ 146 個のアミノ酸でなければならないのか，146 アミノ酸の一つひとつがなぜ「このアミノ酸」と決まっているのか，等々，疑問は尽きない（実は，この疑問に答えてくれる仮説がある．それについては，後に 197 頁で紹介する）．

糖転移酵素と ABO 式血液型

　動物の血液型は，赤血球などの血液成分を細かく分けて同種・異個体に注射したとき，抗体ができるかどうかで，特定の抗原があると判断して分類したものである．ヒトの ABO 式血液型は，赤血球の膜表面の糖鎖の違いが抗原になることに基づいた区分であるが，血液に含まれるタンパク質の有無や構造の違いが抗原となることによって，MN 式，Rh 式，ルイス式，等々 30 種類以上の血液型が知られている．

　ヒト以外の動物にも様々な○○式血液型が知られているが，その種類（式の違い）は動物によってまちまちで，例えばイヌ，ウシ，ブタでは 10 種類以上あるのに対し，ネコには AB 式 1 種類しか知られていない（ネコにもイヌにも ABO 式はない）．一つの○○式血液型に含まれる型の種類も様々で，例えばヒトの ABO 式は四つの型（A，B，AB，O）から成るが，ウシの B 式は 300 以上もの型があるそうだ．

　ヒトには**白血球型**（HLA：Human Leucocyte Antigen）と呼ばれる型もある．正確には**ヒト主要組織適合遺伝子複合体**（MHC：Major Histocompatibility Complex）と言い，白血球に限らず，個体の全細胞に共通の抗原型で，以上総代として白血球の名前がついている．白血球型は赤血球型とは対照的に，世界中の一人ひとりがすべて異なる．この違いが他人の臓器を移植されたときの免疫拒否反応をもたらす．自分自身の細胞から様々な臓器を作りうる iPS 細胞が，画期的発見として歓迎された大きな理由の一つである．一方，よく似た白血球型の人に共通に使えるような iPS 細胞を予め準備

第Ⅲ章 "いのち"の実体　121

しておこうという **iPS 細胞バンク**の必要性もよくわかる.

　以下，血液型の代表として ABO 式血液型について遺伝子と形質の関係を見てみよう．ABO 式血液型を取り上げるのは，何といってもわれわれに一番なじみのある遺伝形質だからだ.

　例えば「A 型の子供の両親の血液型が，母親は B 型，父親は O 型ということはありうるか？」といった問題に対して，多くの人が「母親が B 型，父親が O 型なら，子供は B 型もしくは O 型のいずれかで，A 型はありえない」と正解できる.

　このとき頭の中では無意識に，「B 型のヒトの遺伝子型には *B/B* と *B/O* があるが，O 型のヒトの遺伝子型は *O/O* しかないので，*B/B×O/O* の子供はすべて *B/O*，*B/O×O/O* の子供は *B/O* または *O/O* となり，B 型もしくは O 型のいずれかしか生じない」といった計算をしているのに違いない.

　ABO 式血液型は，世界中のすべてのヒトが，表現型では A 型・B 型・AB 型・O 型のいずれかである．赤血球型の遺伝子には A，B，O の 3 種類があって（複対立遺伝子），相同染色体の位置（遺伝子座）に，三つのうち二つが位置することで 6 通りの遺伝子型が 4 通りの形質を決める．それを記号で表すと次のようになる（遺伝子記号は斜体表記）.

　A 型：*A/A*，*A/O*，B 型：*B/B*，*B/O*，AB 型：*A/B*，O 型：*O/O*

　図 18 に示したように，赤血球細胞の膜表面には，基部から末端に向かって，セラミド（スフィンゴ脂質）と糖鎖（グルコース・ガラクトース・N アセチル D グルコサミン・ガラクトース・（フコース））

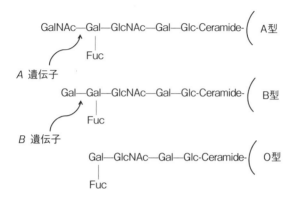

GalNAc：N-acetyl-D-galactosamine　　GlcNAc：N-acetyl-D-glucosamine
Gal：Galactose　　　　Glc：Glucose　　　　Fuc：L-Fucose

図 18 ● ABO 式血液型の分子レベルでの違い．AB 型は A 型と B 型の両方の糖鎖をもつ．

から成る「O 型基本構造」が埋め込まれていて，その糖鎖末端に，A 型では N アセチル D ガラクトサミン GalNAc という糖が，B 型ではガラクトース Gal という糖が，それぞれもう一つ余分についている．それぞれの糖をくっつける働きをするのが転移酵素と呼ばれるタンパク質で，*A* 遺伝子は N アセチル D ガラクトサミン転移酵素を指定する遺伝子，*B* 遺伝子はガラクトース転移酵素を指定する遺伝子である．

A 遺伝子と *B* 遺伝子の違いは，転移すべき糖が違うだけで同種の酵素を指定する遺伝子であるが，DNA レベルで両者はどう違っているのだろうか．

図 19 に，糖転移酵素としてのタンパク質機能に関わる遺伝子

第Ⅲ章 "いのち"の実体 123

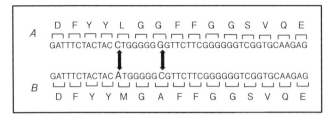

```
        K D V L V V T P W L A P I V W E G T F N
B  AAGGATGTCCTCGTGGTGACCCCCTTGGC TGGCTCCCATTGTCTGGGAGGGCAC GTTCAAC‥
                                                              ↕
A  AAGGATGTCCTCGTGGTGACCCCCTTGGC TGGCTCCCATTGTCTGGGAGGGCAC ATTCAAC‥
        K D V L V V T P W L A P I V W E G T F N
                               ↓
O  AAGGATGTCCTCGTGGTG XCCCCTTGGCTGGCTCCCATTGTCTGGGAGGGCACATTCAAC‥
        K D V L V V   P L G W L P L S G R A H S
```

図19 ● A 遺伝子，B 遺伝子，O 遺伝子の DNA 塩基配列（T を U に置き換えるだけで遺伝暗号表と対応）とアミノ酸配列（1文字記号を使用；110頁の図16参照）．上段は A 遺伝子と B 遺伝子の酵素活性の違いをもたらしている領域．下段は，よく似た A，B 両遺伝子（↕部位で塩基は異なるがアミノ酸は同じ）と，1塩基の欠失（矢印）により O 遺伝子との間で違いを生じている上記以外の領域を示す（斎藤，2005を一部修正）．

DNA 領域のごく一部を示した．上段枠内の2か所の塩基の違いによる2か所のアミノ酸配列の違いが，A，B 両遺伝子の酵素活性の違いをもたらしている．

図19下段に示した同じ遺伝子の他の領域にも，A，B 両遺伝子間で塩基に違いのある箇所があるが，遺伝暗号の冗長性により，その部位のアミノ酸は変わらない．一方 O 遺伝子では左から19番目の A 塩基の「欠失」（X で表示）により，読みとり枠が変わってアミノ酸配列が大幅に変化したため，酵素機能をもたない．

ここでは A 遺伝子が変化して O 遺伝子が作られたかのような説明になっているが，現実は逆かもしれない．まずは O 型の基本構造を作るのに必要な O 遺伝子が存在していて，あとから塩基の「挿入」や「置換」が起こることで，A 遺伝子と B 遺伝子が生まれたのかもしれない．

DNA の配列に塩基 1 個が挿入される（もしくは除去される）といった突然変異など，頻繁に起こりそうに思えるのだが，なぜ血液型は安定した形質でいられるのだろう？

図 19 下部に示した A 遺伝子または B 遺伝子の，AAG から AAC までの 60 塩基が指定する K から N までの 20 アミノ酸は，この配列以外は許されないのだろうか．この部分の 20 アミノ酸は，A 遺伝子または B 遺伝子の指定するアミノ酸配列の一部に過ぎない．それでもこの 20 アミノ酸の配列は，20 種類のアミノ酸が与えうる可能な配列 20 の 20 乗分の 1，すなわち 10 の 26 乗分の 1，すなわち 1,000 兆の 1,000 億倍のうちの一つということになる（$20^{20}=2^{20}\times10^{20}=10^{26}=10^{15}\times10^{11}$）．

先に述べた β グロビンやここでの糖転移酵素に限らず，あらゆるタンパク質は独自のアミノ酸配列をもっている．もしそれが現実に存在する唯一のタンパク質なら，それは可能な無限とも言えるアミノ酸配列の中から自然淘汰（自然選択）によって選別された唯一の適応的なものであるというのが，ダーウィン進化論に基づく説明原理なのだが，本当にそれで説明できているのだろうか？

この問題を本格的に検討した人はこれまで私の知る限りいなかった．ごく最近この問題を真正面から取り上げた書物が出版された．A. ワグナーの『進化の謎を数学で解く』(2015) だ．彼の

第Ⅲ章 "いのち"の実体 125

答えは一口で言えば，ある特定の機能をもつタンパク質の可能な
アミノ酸配列は無限と言っていいほどに存在していて，まだ試さ
れたことのない「遺伝子図書館」の中に収納されている，という
ことになろうか．この答えはこれまでの常識であったタンパク質
のアミノ酸配列の特異性は唯一絶対という原則を否定するもの
で，「ランダムなアミノ酸配列で，同じような機能を担えるタン
パク質は，無数に存在する」と宣言しているに等しい．

　私はこの主張に頷いている．これを検証するには，例えば20
種類のアミノ酸をランダムに結合させて80アミノ酸からなるタ
ンパク質を人工的につくり，特定の触媒反応を担えるものが出現
するかどうかを見ればよい．特定の触媒反応を担う酵素のアミノ
酸配列が唯一絶対のものであれば，20の80乗すなわち10の104
乗のうちの一つを実験的に再現することは不可能だろうだから
だ．2001年にハワードヒューズ医科大学のA. キーフェとJ. ショ
スタックがこの試みに成功したこと（Keefe & Szostak, 2001）が，ワ
グナーによって紹介されている．彼らは6兆個の人工タンパク質
のうち4個が，ATPと結合した（切断ではないので触媒作用とまで
は言えないが）ことを報告している．6兆分の4という割合は，
10の104乗の可能な配列のうち10の92乗個が同様の機能をもつ
ことを示唆している．

　ワグナーの本が与えてくれたもう一つの啓示は，RNAワール
ドがまずできてタンパク質ワールドがつづいたのではなく，まず
タンパク質ワールドが存在して，その中の機能的なタンパク質だ
けが情報分子に記憶させる形で残されたのではないかというタン

パク質ワールド先行説に妥当性を見たことである．このことについては後に改めて取り上げる（第Ⅴ章2節）．

転写すべき遺伝子をどうやって見つけるのか？

ヒトの体細胞である遺伝子「A」が発現するというのは，その細胞に含まれる46本の染色体のうちのどれか1本の染色体上の，特定の部位に位置する「A」が，転写・翻訳されることを意味する．大多数の遺伝子はmRNAへの転写の後，タンパク質に翻訳されるが，転写産物のRNAが最終産物である遺伝子もある．tRNAとrRNAを指令する遺伝子がそれだ．tRNAは特定のアミノ酸と結合してリボソーム上に運び，mRNAの遺伝暗号順にアミノ酸をつなげていく．rRNAはタンパク質製造工場ともいうべきリボソームの構成要因である（図29参照）．

遺伝子発現には沢山のタンパク質が関与するが，何をおいても転写を実行する酵素RNAポリメラーゼが遺伝子部位に来ていなければならない．RNAポリメラーゼはRNAの種類によって異なり，tRNA，mRNA，rRNAの順にRNAポリメラーゼⅠ（Pol Ⅰ），RNAポリメラーゼⅡ（Pol Ⅱ），RNAポリメラーゼⅢ（Pol Ⅲ）という．

タンパク質がつくられるのは細胞質のリボゾーム上であり，そこでつくられる様々なタンパク質のうち，あるものは核に，あるものは細胞質の特定の部位または細胞膜表面に運ばれ，またあるものは細胞の外に出ていく．まるで郵便物が宛先に正確に配達されるように，各タンパク質の行先は決まっている．

第Ⅲ章 "いのち"の実体 127

RNA ポリメラーゼが働くのは核の中の染色体上であるから，細胞質から核に向かって移動し，核膜孔という小さな穴を通過して核の内側に入り，さらに特定の遺伝子部位に移動しなければならない．例えば遺伝子「A」は，ある環境下でのみ機能する特定タンパク質を指令する遺伝子であるとすると，mRNA の転写酵素 Pol Ⅱ は，そのような環境下では遺伝子「A」の部位に位置していなければならない．

遺伝子のサイズは遺伝子ごとに異なるが，仮に「A」遺伝子のサイズを DNA の約 1,000 塩基対ほどの領域とみなすと，46 本の染色体をもつヒト細胞で「A」遺伝子が発現するというのは，約 30 億塩基対と言われる染色体の DNA 総延長の中から，特定の約 1,000 塩基対領域を探し出す作業になる．1,000 は 30 億の 300 万分の 1 だから，譬えて言えば，46 個の箱に分納されている 300 万枚の名刺から特定の 1 枚を探し出すようなものだ．そんな作業が，自分の体をつくる何十兆個の細胞内で正確に休みなく続けられているのだと思うと，驚嘆の思いを禁じ得ない．

RNA ポリメラーゼⅡ（Pol Ⅱ）を遺伝子「A」の転写開始部位に連れて行くのも，転写すべき DNA 部位の「ここからここまで」という開始位置と終了位置を 1 文字の間違いもなく読み取るのも，「転写開始複合体」として，沢山の他のタンパク質と協働することにより行われていることがわかっている．

転写開始複合体を遺伝子「A」の部位に位置づけさせるのは，アクティベーターというタンパク質であることがわかっている．そのアクティベーター・タンパク質は，一方では転写部位上流の特定の塩基配列を認識し，他方では転写開始複合体の一つである

メディエイター・タンパク質のアミノ酸配列を認識することにより，DNA を折りたたむような形で両者を結びつける．私には，後者のタンパク質同士の相互認識よりも，あるタンパク質がDNA の特定部位を認識するという前者の話が理解し難い．

「あるタンパク質を，特定の遺伝子部位に連れていく仕組み」について考えているとき，一つの例として教えてくれたのが，「ゲノム編集技術」としてよく耳にする**クリスパー**（CRISPR/Cas 9）だった．クリスパーは二本鎖 DNA の切断酵素である Cas 9 と，それを既知の遺伝子の特定部位に誘導するためのガイド RNA との複合体である．ガイド RNA は，既知遺伝子の特定部位の塩基配列と相補的な配列をもつ約 20 塩基を含むように設計されたRNA である．それと同じ配列は，4 の 20 乗分の 1，すなわち 1 兆分の 1 の確率でしか存在しないので（$4^{-20} = (2^2)^{-20} = 2^{-40} = 10^{-12}$），塩基分子の相補性が 20 対も連続することにより，特定の部位を認識できるのだという．

ガイドに導かれて目的場所に行くクリスパーの話と，RNA ポリメラーゼ II（Pol II）が遺伝子「A」部位を見つける仕組みとは，直接の関係はない．しかし分子間の相互認識の正確さについては，共通するものがあるのではないかと思わせる．

クリスパーは，特定の遺伝子 DNA 領域の二重鎖 DNA を切断し，そこに「有益な遺伝子」を導入する等の操作技法として，2012 年にフランスの E. シャルパンティエさんと，アメリカの J. ダウドナさんという二人の女性によって共同で開発されたものである．二人には 2017 年末に，この発見で日本国際賞が授与された．

遺伝子と形質の顕性（優性）・潜性（劣性）

ここで，90 頁で約束した**顕性**（－遺伝子，－形質）と**潜性**（－遺伝子，－形質）が何を意味するかについて見ておこう.

メンデルは，対立形質には雑種第一代で顕在化する形質と潜在化する形質が対を成していることを発見した. 前者を顕性，後者を潜性とするのは誠に合理的な表現だと言えるが，一般的に使用されたのは「優性」（dominant）・「劣性」（recessive）という表現だった. これは，遺伝子や形質の本体がわかり，遺伝の分子的仕組みが解明されたのち，形質を発現している「まともな」遺伝子が優性（顕性）遺伝子であり，突然変異による構造的変化や欠損によって「機能できなくなった」遺伝子が劣性（潜性）遺伝子であると認識されてきたことによる.

実際には，潜性をもたらす遺伝子の変化（突然変異）には，①正常遺伝子の機能喪失という事例以外にも，②正常遺伝子の機能が質的には変わらないが量的に変化する事例や，③正常遺伝子が発現を促すのに対して，発現を抑制するという逆方向の作用をする事例や，④元の遺伝子機能と全く無関係の新規の機能をもつように変化する事例，などがある. ①〜④のそれぞれは，amorph, hypomorph, antimorph, neomorph とも呼ばれる.

遺伝子 A は仮に 500 アミノ酸から成る特定のタンパク質を指定している DNA 領域だとすると，対応する DNA は 1,500 塩基に及び，そのうちのどの塩基の変化も突然変異なので，分子レベルでは 1,500 の対立遺伝子がありうる. 通常は表現型のレベルでの

変化がみられる場合にしか対立遺伝子として把握できないので，アミノ酸を指定するコドンの冗長性により，塩基が変化してもアミノ酸は変わらないことが多く，仮に別のアミノ酸に変わってもタンパク質の機能に変化を与えないことも少なくないので，表現型への影響は限られる．

多くの場合に正常遺伝子 A（野生型）と機能喪失遺伝子 a（変異型）という二つの対立遺伝子にしかならないが，変異型を a_1, a_2, a_3, a_4, ···（a^1, a^2, a^3, a^4··· のような書き方も可）と区別しうる場合には，A, a_1, a_2, a_3, a_4, ··· のすべてを複対立遺伝子と呼ぶ．先に（118頁）146 アミノ酸から成る β グロビン遺伝子は世界中のすべてのヒトが共通にもっているが，アミノ酸配列の違いがみられるのは9か所だけという話をした．そのうち，ヘモグロビン異常の病気という形で表現型に表れるのは三つのアミノ酸変化だけだった．従ってこの場合の対立遺伝子は3通りだが，他の形質について言えば，表現型として識別される対立遺伝子が100 以上に及ぶ例もある．

遺伝子の表記法は原則として，顕性遺伝子は単一の大文字のアルファベット，もしくは＋記号，もしくは大文字で始まる語を用い，潜性遺伝子は小文字のアルファベット，もしくは小文字で始まる語を用いる．いずれも原則としてイタリック（斜字体）で，/ の左に顕性遺伝子，右に潜性遺伝子を表記する．2倍体生物の場合は，例えば Aa, A/a, $+{}^b/b$, $+/dwarf$ といった表記法になる．

顕性遺伝子が潜性遺伝子に対して「完全顕性」である場合には，A/A も A/a も表現型は同じ［A］であるが，現実には A/a の表

現型が［A］と［a］の中間型を示す「不完全顕性」や，A が環境によって表現型［A］を示したり［a］を示したりする「不規則顕性」や，A/a の個体発生過程で後期にならないと［A］の表現型が現れない「遅発顕性」や，環境の影響を受けて A の顕性度が変化する「移行顕性」や，対立遺伝子の顕性が雌雄で異なる「性連鎖顕性」など，様々な事例が知られている．

　同一遺伝子座に位置する三つの複対立遺伝子のうち二つが顕性で，両者に優劣がつかない場合を「共顕性」という．この典型例が ABO 式血液型である．A, B, O の三つの複対立遺伝子のうち，A 遺伝子と B 遺伝子は，潜性遺伝子である O 遺伝子に対して共に顕性であるため，遺伝子型 A/B の人は二つの対立遺伝子を両方とも発現できる［AB］型となる．顕性遺伝子は糖転移酵素を作って O 型を A 型や B 型に変える働きをするのに対し，潜性遺伝子にはそのような働きが欠けていることについてはすでに触れた（図19）．

　遺伝子の「顕性・潜性」の実態を知ることは今日でも先端的研究課題であり，新しい事例の発見によりこれまでの概念が一新される事態が起こりうる．

　例えば上述③の，発現を抑制する突然変異遺伝子の事例として，ショウジョウバエの翅脈を欠損させる遺伝子 ai が，古く 1948 年に C. スターンによって報告されていた（『岩波生物学辞典』による）．顕性ホモの $+/+$ は正常な翅脈をもつのに対し，$+/ai$ は翅脈が欠損する．$+/ai$ の翅脈欠損の度合いは，ai を欠失した $+/$ 欠失よりも大きいことから，潜性遺伝子 ai が顕性遺伝子 $+$ を抑制している

132　第Ⅱ部　"いのち"のつながり

とみなされた.

　その分子的仕組みは謎のまま残されてきたが，60年以上経った2010年に，抑制遺伝子の具体的作用機序についての全く新しい知見が報告された．アブラナ科・ニホンナタネの自家不和合性（自家受精を避け，同種の別個体とのみ受精するしくみ）について研究してきた奈良先端科学技術大学院大学の高山誠司さんらのグループによる発見である．花粉づくりに関係する*SP11*という遺伝子は，対立遺伝子座の両側に，全く同じ塩基配列の遺伝子座が見られるのに，詳細な分子構造を調べたところ，一方の遺伝子座にだけ，ごく小さなRNA分子をつくる遺伝子領域があり，このRNAが他方の遺伝子プロモーターにメチル化を起こすことで，働きを抑えていることを発見したのである．遺伝子自体の欠損や構造的変化による潜性ではなく，発現の抑制という形の潜性（エピジェネティックな遺伝子発現の抑制機構）がありうることが具体的に証明された最初の事例である．ここではRNA領域を含む側が顕性遺伝子，抑制を受ける側が潜性遺伝子ということになる.

コラム❼ ━━真実・現実・事実━━
column

　「おごれる人も久しからず，ただ春の夜の夢のごとし」──『平家物語』の冒頭部にあるこの言明は，**真実**だ.

　「おごらざる人も久しからず，ただ春の夜の夢のごとし」──江戸城の築城で有名な太田道灌が若い時に，この句を『平家物語』の句の横に並べて書いたという．『考えるヒント』（小林，2013）で知った受け売りであるが，これも**真実**だ.

第Ⅲ章 "いのち"の実体 133

　まるで反対のことを言っているように見えるのに，両方とも真実だというのは不思議に思われるかもしれない．

　逆に，もし「おごれる人は久しからず」とか，「おごらざる人は久しからず」と言えば，共に間違い（嘘）である．「猿も木から落ちる」は真実であるが，「猿は木から落ちる」というのは間違いであるのと同じだ．

　ところで，冒頭の二つの言明が共に真実なら，二つの真実を総合すると，21世紀の今頃は，おごれる人も，おごらざる人も，消えて亡くなっていそうだが，両者共に健在である．これが**現実**だ．なぜそうなるのか？

　おごれる者から，おごれる者もおごらざる者も生まれ，おごらざる者からも，おごらざる者もおごれる者も生まれるからだ．これは**事実**である．

　「おごれる遺伝子」，「おごらざる遺伝子」というのがもしあれば，一方を顕性遺伝子，他方を潜性遺伝子とみなして，事実を説明するのに便利なのであるが，目下，そのような遺伝子を想定できる根拠はない．

　将来，そのような遺伝子が見つかったとすれば，おごれる遺伝子を消去しようという世界的な運動が起こるかもしれない．現在の遺伝子操作技術をもってすれば，それが可能であることが，むしろ恐ろしい．人間の眼から見て不都合に見える遺伝子は消去すべしという**優生学**を復活させてはならない．

4 "いのち"を支えるエネルギー通貨 ATP

　数ある酵素タンパク質の中で，この機能が損なわれると生命活動の一切が停止してしまう酵素がある．それは「エネルギー通貨」とも「いのちの通貨」とも呼ばれるエネルギー源 ATP（アデノシン三リン酸）をつくる酵素，ATP 合成酵素（ATP シンターゼ）である．

　呼吸系というのは ATP を作るための装置に他ならない．呼吸の場は，真核細胞ではミトコンドリアであり，原核細胞では細胞膜である．

　ミトコンドリアは内膜と外膜の二重膜で囲まれている．内膜の内側の基質部位（マトリックス）にはクエン酸回路（クレブス回路とも TCA 回路ともいう）と称する連鎖反応系が，内膜上には呼吸鎖と称する連鎖反応系がある（図 20）．

　下記の呼吸の化学式は，ブドウ糖（$C_6H_{12}O_6$）が酸素（O_2）によって燃やされ（酸化され），二酸化炭素（CO_2）と水（H_2O）に分解される過程で，アデノシン三リン酸（ATP）の高エネルギー・リン酸結合に変換されることを示している．「エネルギー通貨 ATP」は，エネルギーを消費する細胞内のあらゆる化学反応に寄与する．

$$C_6H_{12}O_6 + 6\,O_2 \rightarrow 6\,CO_2 + 6\,H_2O + ATP\ （＋熱）$$

　ただ，この式では化学反応がどうしてエネルギー生成に結びつくのかわからないので，図 20 に基づき，やや細部にわたるが，以下に重要なポイントを列挙する．

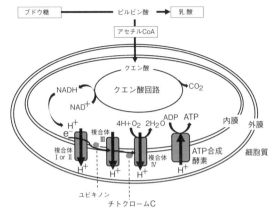

図20 ●ミトコンドリアでの「エネルギー通貨」ATP生成過程の模式図．クエン酸回路での脱水素反応は，NAD（ニコチン酸アミドアデニンジヌクレオチド）により3か所で，FAD（フラビンアデニンジヌクレオチド）により1か所で行われるが，図にはNADによる1か所での還元のみを示している．

（1）ブドウ糖がピルビン酸に分解され，アセチルCoAを経てつくられたクエン酸は，ミトコンドリア内膜内側（マトリックス）のクエン酸回路に送られる．

（2）クエン酸回路では，水素原子（H）が，補酵素（NAD：ニコチン酸アミドアデニンジヌクレオチド）によって，ミトコンドリア内膜上の呼吸鎖に移される．その際，水素原子（H）は，陽子すなわちプロトン（H^+）と，電子（e^-）に分けられる．

（3）呼吸鎖は，四つの複合体（Ⅰ，Ⅱ，Ⅲ，Ⅳ）と，二つの運搬体（ユビキノンとチトクロームC）と，ATP合成酵素とから成り，ミトコンドリア内膜上に並んでいる．四つの複合体とATP合成

酵素は，いくつものタンパク質からなる分子複合体で，膜に埋まっているが，運搬体は膜の上にあって移動できる．

（4）電子（e⁻）の入り口は複合体ⅠまたはⅡで，そこから複合体Ⅲへはユビキノンによって，複合体Ⅲから複合体ⅣへはチトクロームCによって受け渡される．

（5）呼吸鎖は連鎖的な酸化還元反応で，運搬体はバケツリレーのように複合体から電子を受取っては（還元），次の複合体に電子を渡してゆく（酸化）．

（6）酸化還元反応を伴う電子の流れは，仕事に使えるエネルギーを生じる．四つの呼吸複合体のうち三つが，このエネルギーを使って，内膜と外膜との間の空間へプロトン（H⁺）を汲み出す．電子（e⁻）は最終段階で酸素（O_2）に移り，膜の内側のプロトン（H⁺）と結合して水（H_2O）ができる．ミトコンドリア内で，クエン酸回路が回ることによって前記の化学反応が成立する．

（7）内膜と外膜の間に貯まったプロトン（H⁺）の濃度は，その正電荷により内膜を挟んだ電位差を生む．同時に高い水素イオン濃度（pH）の差を生じる．この高濃度プロトン（H⁺）は，山上の貯水池が位置エネルギーの貯蔵所として水力発電に使えるように，プロトン駆動力を生む．

（8）ATP合成酵素を通過するプロトン駆動力が，ADPと無機リン酸（Pi）からATPを合成するのに使われる．

ミトコンドリアは自律的に増殖できる細胞器官で，細胞あたり

第Ⅲ章 "いのち"の実体 137

の数は生物によって大きく異なるが，ヒトでは平均 300 ～ 400 個
（受精卵では約 10 万個）と言われる．エネルギーを要する仕事を
する細胞ほどミトコンドリアをより多く必要とする．

　呼吸の場は，真核細胞ではミトコンドリアだが，細菌^{バクテリア}などの原
核細胞では細胞膜である．このときプロトンを貯蔵する場として
は細胞膜とその外側にある細胞壁で囲まれた空間が使われる．原
核細胞から真核細胞が生まれるとき細胞壁が脱ぎ捨てられたと考
えられているが，プロトン貯蔵場がどうなるかについては，第Ⅴ
章で触れる．

　呼吸は有酸素下（好気的条件下）での ATP 合成系であるが，無
酸素下（嫌気的条件下）でも「解糖」により ATP が合成される．
ヒトの筋肉細胞で，グルコースに始まる 11 段階の酵素反応系が，
各反応の生成物が次の反応の原料となる形でつながっていて，最
後に乳酸を生成する過程は，エムデン・マイヤーホフ経路として
1924 年に明らかにされた．この経路は，酵母や乳酸菌で知られ
ていた"乳酸発酵"の経路と全く同じだった．

　さらに言うと，10 段階目の分解産物であるピルビン酸が生じ
るまでの経路は，バクテリアからヒトに至る呼吸とも共通で，こ
の複雑な反応系が太古に作られ，何十億年にわたって全生物で変
わることなく使われていることになる．

　1 分子のグルコースから 38 分子の ATP を生じる呼吸にも， 2
分子の ATP しか生じない解糖や発酵にも，グルコースに始まる
最初の段階に「リン酸化」反応が含まれる．リン酸化が起こるた
めには，ATP が ADP に変換する反応が伴う．つまり ATP エネル
ギーを消費しながら ATP エネルギーを作り出しているのである．

138　第Ⅱ部　"いのち"のつながり

このことは，ADP ⇔ ATP 変換の反応系がすでに存在していて，どのような代謝反応系を組み立てると，ADP<ATP のエネルギー産生系になるかが計算されていなければならない．

　ヒトの筋肉細胞でだけ見られる現象なら，長い進化過程で次第に組みあがってきた代謝反応系だと考えられるが，真核生物の酵母でならまだしも，原核生物の細菌でもほとんど同じような経路が使われていることに驚嘆させられる．

同じことの繰り返しでなぜ進化できるのか？

　詳しくは第Ⅴ章3節で述べるが，地球上の全生物は**原核生物**と**真核生物**に二大別され，真核生物が登場したのはおよそ 20 億年前とされている．

　上記の**解糖**と**呼吸**という「エネルギー生成法」は原核生物時代に確立され，そのまま真核生物に受け継がれたことになる．何十億年というおそろしい時間にわたって変わっていないということである．進化というのは，遺伝子が絶えず変化しながらタンパク質の変化を生みだし，環境に「より適応」した形質が**自然淘汰（自然選択）**により選別され，次第に多様化していく過程であるという一般的な理解とはずいぶん矛盾しているではないか，と思われて当然である．

　「エネルギー生成法」だけが特別なのかというと，そうでもない．DNA の情報をタンパク質に転写・翻訳するのに，最初に確立した遺伝暗号表をずっと使い続けているという例もある．いやそれだけではない．DNA の複製法や，エネルギー通貨として ATP を

第Ⅲ章 "いのち"の実体 139

利用することなど，数十億年前の細胞が創始した"いのち"のあり方の基本設計が，変わることなく今も使い続けられているのである．

　バクテリアに似た全生物の共通祖先から（途中で絶滅した莫大な生物群を含め）今日地球上に見る多種多様の生物を生みだしたのは，「変化」で象徴される「進化原理」であること自体には何の疑いもない．その進化原理の背後には，こんなにも保守的な「不変」の「いのちの設計原理」が潜んでいる．不変の「いのちの設計原理」と，変化してやまない「進化原理」とが共存し補完し合っているのが，現実の生物の姿なのである．安定したシステムの上に乗っているが故に，変化が破壊にならずに創生になるのだろう．

第Ⅳ章 | *Chapter Ⅳ*

"いのち" のつなぎ方
無性生殖と有性生殖

「いのちをつなぐ」とはどういうことか？

「いのちの場」は細胞である．細胞は細胞から作られることによって "いのち" がつながれる．細胞のつながり方には，細胞分裂の継続である**無性生殖**と，細胞分裂の継続が減数分裂と細胞融合で中断される**有性生殖**という2通りの様式がある．この様式のいずれをとるかが，新しく生まれた "いのち" のあり方を決めるのである．

つまり，「いのちをつなぐ」とは，無性生殖または有性生殖によって "いのち" のあり方を変えながら，細胞が細胞からつくられることを言う．

本章ではこの後，無性生殖と有性生殖の違いについて話を進めるが，生物学の極めて基本的なこれらの用語でさえも，必ずしも統一された解釈がなされているわけではないことを予めお断りしておかねばならない．

一つには，本書では**二分裂**または**細胞分裂**は例外なく無性生殖と同じ意味で使うのに対して，有性生殖との関連で全く違った使われ方をする場合があるということだ．多様な生物の世界では，ある種のプラナリアのように，受精卵に相当する多能性細胞から，

雌雄の両性器官を備えた「有性の」個体を作る系統だけでなく，両性器官をもたない雌雄の区別のない「無性の」個体を作る系統がある．その場合，多能性細胞から無性個体をつくる過程での細胞分裂は無性生殖の一部であるのに対し，有性個体を作る過程の細胞分裂は有性生殖の一部とみなされることがある（小林・関井，2017）．

　もう一つは，本書では「有性生殖は性が関与して遺伝的多様性をもたらすこと」という常識的な定義に反して，性の関与を有性生殖の必要条件とはみなさないことである（高木，2014）．

　そうしたことを念頭に，読者の一人一人が，考えること自体を楽しみながら，ご自分で判断をしていただきたい．

1 | 無性生殖と有性生殖の違い

　図21に**無性生殖**と**有性生殖**の違いを模式図で示した．なお，ここでの細胞は「真核細胞」（詳しくは第Ⅴ章3節参照）に限られている．

　無性生殖も有性生殖も「細胞は細胞から」の原則は変わらない．ただし無性生殖は細胞分裂そのものであるのに対し，有性生殖では細胞分裂と細胞融合（受精）という二つの過程を伴う．

　さらに細胞分裂のもたらす効果が異なる．無性生殖の細胞分裂は分裂の前後で，（原則として）遺伝子型と倍数性は変わらない．即ち1倍体[*2]は1倍体を，2倍体は2倍体を生じる．それに対し，有性生殖の細胞分裂は遺伝子型が変化し，2倍体を1倍体にする

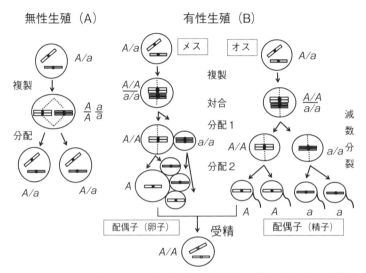

図21 ● 1対の相同染色体をもつ仮想細胞の，無性生殖（体細胞分裂）と有性生殖（減数分裂と受精）の模式図．Aとaは，相同染色体上の同じ位置に存在する顕性遺伝子と潜性遺伝子を，染色体上の小さな●印は動原体を，そこから両極に延びる点線は紡錘体を示す．生き残る卵子は一つだけで，それがAまたはaである確率は50％ずつである．

（倍数性を半減させる）**減数分裂**である．無性生殖の細胞分裂を体細胞分裂ということがあるが，それと対比して減数分裂を生殖細胞分裂というかというと，そのような生物学用語はない．

繰り返しをおそれず，表1に両者の違いを列挙した．

表1の①②③④は，図21に描いたことを文章にしただけだが，

---

*2) 2倍体 diploid に対し，1倍体 monoploid を半数体 haploid と呼ぶことがある．

144　第Ⅱ部　"いのち"のつながり

表1●体細胞分裂（A）と減数分裂（B）の特徴比較

A：体細胞分裂
- -
① 1細胞が2細胞に
② 複製・分配
③ 親細胞と娘細胞は遺伝的に同じ
④ 2倍体（1倍体）のまま（性は無関係）
⑤ 分裂細胞は原則として融合しない
⑥ 同じサイクルを繰り返す

B：減数分裂
- -
① 1細胞が4細胞に（メスでは1細胞に）
② 複製・対合・分配・分配
③ 親細胞と娘細胞は遺伝的に異なる
④ 2倍体が1倍体に（性の関与）
⑤ 分裂細胞は原則として融合する
⑥ 同じサイクルを繰り返せない

図を見ながらA①〜④とB①〜④を対応づけて確認していただきたい．B①中の「メスでは1細胞に」というのは，図21（B）の卵子の横に小ぶりに描いた○は「極体」という捨てられる細胞で，最後まで残るのは卵子になる1個だけということを意味する．

A⑥は，分裂して生じた二つの細胞は，図21"無性生殖"の最上段の位置に戻り，同じサイクルを繰り返すことができることを示す．それに対しB⑥は，減数分裂の後の受精で2倍体にかえった細胞は，図21"有性生殖"の最上段の位置に戻り，同じ有性生殖のサイクルに入ることはできないことを言っている．有性生殖（減数分裂と受精）を経てできた受精卵は，もう一度有性生殖を繰り返すことはできず，必ず無性生殖に移行して発生過程に入る．体細胞分裂を繰り返して**性成熟期**に達して初めて，次の有性

第Ⅳ章 "いのち"のつなぎ方：無性生殖と有性生殖　　145

生殖ができるようになるのである．

　この表で最もユニークなのはＡ⑤・Ｂ⑤の指摘だろう．「原則としての」話ではあるが，体細胞分裂直後の娘細胞は"細胞分裂すべき細胞"であって"細胞融合すべからずの細胞"なのに対し，減数分裂直後の配偶子細胞は"細胞融合すべき細胞"であって"細胞分裂すべからずの細胞"なのである．体細胞分裂と減数分裂の違いには，外見だけではうかがい知れない仕組みが隠されていることを感じさせてくれる．念のため付記しておくと，体細胞分裂（二分裂）直後の娘細胞が二つに離れないで，くっついたまま多細胞状態になる（群体を形成する）事例はたくさんある．しかし体細胞分裂（二分裂）直後の二つの娘細胞が融合して一つになってしまうことは，原則として，ないのである．

　とは言え，細胞分裂を終えた後，しばらく経った非分裂状態にある細胞は，条件次第では娘細胞同士の間でも接着・融合することは珍しくない．例えばヒトデの体腔にある大食細胞は，栄養や酸素を運ぶ血管のような役割や，老廃物の処理をする排出器官のような役割をする重要な細胞であるが，ある条件下では細胞分裂を終えた細胞たちが融合して大きな多核細胞になる（団，2008）．

　またゾウリムシの接合対は，減数分裂を終えた細胞の融合ではなく，体細胞分裂を終えた細胞同士の融合である．接合対としての細胞融合は一時的で，接合完了後には元の２細胞に分離する．

　表１のＢ⑤「減数分裂産物は原則として融合する」は，ゾウリムシでは細胞ではなく接合対の中の小核が対象になる．ところが小核の振舞としても，「原則としてあってはならない」現象が相次いで起こっている．一つは，減数分裂で生じた１倍体核が融

146 第Ⅱ部 "いのち"のつながり

合に向かわず（1回だけだが）二分裂を行うことである．もう一つは，そのようにして生じた二分裂後の核が融合することである．これについては後に詳しく紹介する（163頁，図24）．

　生物学では，ある命題を例外のない法則のように言明することはほとんど不可能なので，命題的な言明を目にしたときには，（書かれていなくても）「原則として」と書かれていると思っていただきたい．いやむしろ，積極的に例外的事例を探すことが，「原則」のより深い理解につながると言えよう．

　A③とB③の違いも，やはり「原則として」であって，前者は「絶対に同じ」，後者は「絶対に異なる」，を意味するものではない．体細胞分裂の前後と，減数分裂の前後とでは，変化の度合いのスケールが桁違いに後者が大きいことを述べているに過ぎない．

　そこでB③「親細胞と娘細胞は遺伝的に異なる」について，次の項で，なぜそうなるのかを見ておこう．これは「有性生殖は遺伝的多様性を生む様式」ということで一般によく知られている大事な特徴である．

有性生殖が遺伝的多様性を生む理由

　有性生殖により遺伝的多様性が生じる理由には三つある．二つは減数分裂に関わり，一つは受精に関わる．

（1）　減数分裂により2倍体が1倍体になることによる．

（2）　減数分裂の対合期に染色体間で交叉（組み換え）が起こ

ることによる.

（3） 多様な雌配偶子と雄配偶子がランダムに融合（受精）することによる.

　表1のB④「性が関与して2倍体が1倍体になる」ためには，B②「複製・対合・分配・分配」という過程をたどるが，このことが，多様性を生みだす原因になっている.

　2倍体（2n）の遺伝子型A/aが1倍体（n）になるとAとaになるので，遺伝子型と表現型が変わる．遺伝子型A/aの親の表現型は［A］，遺伝子型Aと遺伝子型aの子の表現型は［A］と［a］と表記する（Aは顕性遺伝子，aは潜性遺伝子）．ただし元の遺伝子型がA/Aであれば配偶子はA，A，A，Aになるし，元がa/aであればa，a，a，aで，表現型が変わらない場合もある．図21の場合でも，Aの卵子とaの精子が受精すれば元と同じ遺伝子型のA/aとなって変化しないことになる．この図では，Aとaで代表される「1対の染色体」をもつ細胞は，Aだけをもつ配偶子とaだけをもつ配偶子という「2種類の配偶子」をつくることを示している．実際の細胞で1対しか染色体を持たない生物としてウマカイチュウ（2n＝2）が知られているが，例えばショウジョウバエの細胞は4対＝8本の染色体をもつし，ヒトでは23対＝46本の染色体をもつ.

　1対の染色体は2種類の配偶子をつくりうる（2^1）.

　2対の染色体は4種類の配偶子をつくりうる（2^2）.

　3対の染色体は8種類の配偶子をつくりうる（2^3）.

148 第Ⅱ部 "いのち"のつながり

n対の染色体は2^n種類の配偶子をつくりうる（2^n）.

この計算を23対の染色体をもつヒトに当てはめると，2^{23}種類の配偶子をつくりうることがわかる．2^{23}は約10^7でおよそ1,000万である．

実際にはこの上に，図20の「対合」の段階で，4本の染色分体間でのランダムな組換え（交叉）が起こるので，配偶子の種類はさらに増える．

さらに1,000万通りの卵と1,000万通りの精子の内，受精に至るのは，それぞれの内の一つに過ぎないので，受精卵は100兆分の1（$10^{-7} \times 10^{-7} = 10^{-14}$）の確率で生まれたことになる．同じ両親から生まれても，一人として同じ子供は存在しないと言われる所以_{ゆえん}である．

有性生殖は「多様性を生みだすことのできる仕組み」である，というのは疑いない真実と言える．

真核生物と有性生殖

38億年前の最初の細胞が誕生した後は，「細胞は細胞から」の原理が今日まで38億年間働き続いていること，そして「細胞は細胞から」の原理は無性生殖と有性生殖という二つの方式によってのみ担われてきたということを改めて思い出していただきたい．このことを簡単な図で表してみよう．○は無性生殖を，◎は有性生殖を表す．

第Ⅳ章　"いのち"のつなぎ方：無性生殖と有性生殖　149

A) ○→○→○→○→○→○→○→○→○→○→○→○→○→

B) ○→○→○→○→◎→○→○→○→○→◎→○→○→○→

A) は無性生殖が連綿と続くことを示し，B) は無性生殖が有性生殖によって中断されながら継続することを示している．この図で，○→○はあるけれども◎→◎はないことに注意していただきたい．◎は連続して起こらないというのは表1B⑥の特徴である．先に「プラナリアは有性生殖のサイクルを繰り返すことができる」と書いたが，その意味は◎→◎ではなく，○→◎の繰り返しが，つまり（○→◎）nが可能であることを指す．

ここで，「A) はありえない」というコメントが出てもおかしくない．図21（143頁）と表1（144頁）A③で「体細胞分裂の前後で細胞は遺伝的に変わらない」と言ったことからすれば，無性生殖を無限に繰り返しても遺伝子型は変わらないことになり，原核細胞は38億年間進化しなかったことになってしまうからである．

もちろんそんなことはない．遺伝子には変化（突然変異）がつきもので，細胞分裂が起こる，起こらないに関わらず突然変異による遺伝子の変化は避けられない．細胞分裂中は，遺伝子の複製という作業を伴うので，環境がもたらす物理・化学的要因による突然変異に加えて，複製エラーという形の突然変異が加わり，変異の頻度は高くなる．

もちろん細胞ではエラーの修復という作業も盛んに起こっているのだが，「エラーなしに進化はない」のである．「失敗を伴わない成功はない」とか，「成功者というのは失敗の多かった人のことだ」とかの人生訓は進化にもあてはまる．

150　第Ⅱ部　"いのち"のつながり

　表1のＡ②③④から「無性生殖の均質性」という特徴を引き出したのは，無性生殖そのものには遺伝的な変化をもたらす仕組みはないけれども，それとは独立に突然変異が起こっている，ということである．

　それに対して有性生殖は，Ｂ②③④という過程そのもの，つまり有性生殖自体が遺伝的な変化（多様性）をもたらす仕組みになっている．

　有性生殖が行われると，まずは**減数分裂**により，次に**受精**によって遺伝子を混ぜ合わせることになるので，遺伝子構成が変化する．つまり外因的な突然変異とは独立に遺伝子が変化する．あらゆる遺伝子の変化を突然変異とみなすなら，有性生殖は突然変異を誘導する仕組みであるとも言える．

　変化をしないということは進化をしないということと同じなので，ランダムに起こる突然変異を拾う無性生殖と，構成的に突然変異を起こさせる有性生殖というのは，それぞれのやり方で進化を担っているはずである．

　大まかな言い方になるが，Ａ）は原核細胞の"いのち"のつなぎ方であり，Ｂ）は真核細胞の"いのち"のつなぎ方である．いきなり原核細胞，真核細胞と言われても困惑されるだろうが，その詳細については後に改めて述べるとして，ここでは，バクテリアの仲間以外の（ゾウリムシからヒトまでを含む）すべての生物の細胞が真核細胞であり，原核細胞に比べて細胞とゲノム（遺伝子のフルセット）のサイズが圧倒的に大きいことが特徴である，とまとめておく．

第Ⅳ章 "いのち"のつなぎ方：無性生殖と有性生殖　151

　では，なぜ有性生殖が出現したのか？

　この問いは，「真核細胞はなぜ有性生殖を必要としたか？」という問いや，「有性生殖はどのように始まったか？」という問いと表裏の関係にあるが，本書ではそれぞれを別の問いとして，少しずつ視点を変えながら繰り返し問題にしている．ここでは「B)○→○→○→◎という形式がなぜ生じたのか？」という観点から考えてみたい．

　進化論の議論では「なぜ○○が生じたか？」との問いは，「××のために」という目的論的な答えを求めることになるのでタブー視されている．しかし「なぜ」との問いに答えようとすることの重要性を否定してしまったのでは思考が停止してしまう．

　読者の多くは「なぜ有性生殖が出現したか？」という問いに，躊躇なく「遺伝的多様性を生み出すために」と答えるのではなかろうか．そして「なぜ有性生殖により遺伝的多様性が生じるのか？」という問いに対しても答えが準備されている（146 頁）．

　ただ，この問いが根拠とした図21右の有性生殖は，真核細胞の典型例を示す図であった．言わば，この世に登場したときの姿から改良に改良が重ねられて完成型になった有性生殖の姿である．問いで考えるべき遺伝的多様化は，有性生殖が最初に登場したときの姿でなければなるまい．

　有性生殖の最初の姿がどのようなものであったかについて考えるに先立ち，有性生殖の果たしている役割についてまとめておく必要がある．その役割を果たすためにどのようなことが起こったかを考えることが起原を考えることにつながるからだ．

152 第Ⅱ部 "いのち"のつながり

　一般的に認められている有性生殖のキーワードとして，1）性の分化，2）減数分裂と受精，3）遺伝的多様化，4）世代交代（若返り）の四つを挙げることができる．

　有性生殖の起原についての定説はないが，「バクテリアの接合」として知られている様式を，有性生殖の祖先形と考える研究者は少なくない．大腸菌 K12 株には雄株と雌株があって，雌雄が菌体表面の一部で結合し，雄菌の遺伝子の一部が雌菌に移動し，遺伝子の組み換えが起こることを，1946 年に J. レーダーバーグと E. L. テータムが発見した．性の違いがあって遺伝的多様化がもたらされるバクテリアの接合を有性生殖の祖先形とみなすと，有性生殖は原核細胞の段階で誕生したことになる．

　それに対して私は，有性生殖は真核細胞の登場とともに出現したと考えている．原核細胞から真核細胞への進化を促した最大の要因は「ゲノムと細胞の大型化」と見ている私には，まず「大型化した1倍体ゲノムの安全対策」として「1倍体の2倍体化」が起こり，「2倍体に生じた突然変異の有用性を検証する仕掛け」が「2倍体の1倍体化」であったと考えている．すなわち有性生殖の本質は，減数分裂の含意する2倍体の1倍体化と，受精の含意する1倍体の2倍体化であろうと考える．

　この見方からすると，バクテリアの接合は，一見有性生殖の大事なところ——性の分化や遺伝的多様化——は満たされているように見えるが，真核細胞のすべての有性生殖で共通にみられる減数分裂と受精を経て世代交代（若返り）をもたらす現象が欠けている．私は減数分裂の含意する2倍体の1倍体化と，受精の含意する1倍体の2倍体化に，有性生殖の本質を見ているので，バク

第Ⅳ章　"いのち"のつなぎ方：無性生殖と有性生殖　　153

テリアの接合は有性生殖とは無縁の**水平伝播**の一種だろうと見ている．水平伝播は，ゲノム DNA の一部が，単独で，もしくはウイルスに運ばれることによって，同種・異種を問わず細胞から細胞へと移動する現象である．真核生物，とくに体細胞と生殖細胞から成る多細胞生物では，多数派の体細胞に水平伝播が生じても次世代には伝わらず，隔離されている生殖細胞は少数派であるため水平伝播が起こりにくい．ウイルス・細菌・原生生物等の寄生や共生も広い意味での水平伝播現象と言えるが，ゲノムの一部の水平伝播は，有性生殖を特徴づける要因のうち性分化や遺伝的多様化にはつながるが，減数分裂と受精や世代交代（若返り）につながるとは考えにくい．

　この問題については，Ⅵ章で改めて取り上げる．

フィッシャー・マラー効果

　図 22 は 3 種類の顕性遺伝子 A, B, C のうち，一つだけをもつ A 集団（または B 集団，または C 集団）が，左から右への時間軸に沿って，二つをもつ AB 集団（または BC 集団）を経て三つをもつ ABC 集団に変化していく様子を，無性生殖のみを行う集団（上段）と，有性生殖を行う集団（下段）とで比較したものである．

　無性生殖のみを行う集団（上段）での $A \rightarrow AB \rightarrow ABC$ の変化は，偶然に起こる突然変異の結果待ちなので，起こることもあれば起こらないこともあり，起こるとしても時間（横軸）がかかる（図 22 上図）．それに対して，三つの集団間で有性生殖が可能だと，これまでに無かった遺伝子の新しい組み合わせが瞬時に生じうる

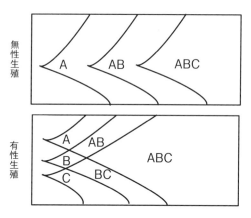

図 22 ●フィッシャー・マラー効果

（図 22 下図）．このように遺伝子の新しい組み合わせにより遺伝的多様性を生み出すことのできる有性生殖の意義は，集団遺伝学者の R. A. フィッシャーと遺伝学者の H. J. マラーによって独立に提唱されたので，「フィッシャー・マラー効果」と呼ばれる．

　図 22 は非常にシンプルに描かれているので，一見簡単な出来事に思えてしまうが，本当はそれほど簡単な説明では済まされない．

　まず元の A 遺伝子集団が 1 倍体だとしよう．この集団の遺伝子組成に $A \to AB \to ABC$ という変化が起こるということは，全く新規の B や C が無から生じるはずはないので，既存の b や c の突然変異産物でなくてはならない．すなわち A, B, C の各生物集団の元の遺伝子型はそれぞれ Abc, aBc, abC と表すべきで，それぞれの表現型も [A]，[B]，[C] ではなく，[Abc]，[aBc]，[abC]

でなければならない．$A \to AB \to ABC$ という変化は，遺伝子型の変化としては $Abc \to ABc \to ABC$ と表記すべきであり，表現型の変化も [Abc] → [ABc] → [ABC] でなければならない．

次に A，B，C の生物集団が，2倍体生物だったとしよう．その場合には，A 集団の遺伝子型は A/A, b/b, c/c または A/a, b/b, c/c とすべきだ．同様に B 集団の遺伝子型は a/a, B/B, c/c または a/a, B/b, c/c であり，C 集団の遺伝子型は a/a, b/b, C/C または a/a, b/b, C/c と表すべきである．表現型は1倍体生物の場合と同様，それぞれ [Abc]，[aBc]，[abC] である．

図22下図で，A と B が交配すると AB が生じることが簡単に表現されている（A×B → AB）が，実際には A×B は遺伝子型で表すと以下の4通りの交配が起こり得る（C の遺伝子座はすべて c/c なのでここでは省略している）．

(1) A/A, b/b × a/a, B/B → A/a, B/b

(2) A/A, b/b × a/a, B/b → A/a, B/b + A/a, b/b

(3) A/a, b/b × a/a, B/B → A/a, B/b + a/a, B/b

(4) A/a, b/b × a/a, B/b → A/a, B/b + A/a, b/b
　　　　　　　　　　　　　　　　　　　+ a/a, B/b + a/a, b/b

上記を表現型の変化として表すと，次のようになる．

[1] [Ab] × [aB] → [AB]

[2] [Ab] × [aB] → [AB] + [Ab]

[3] [Ab] × [aB] → [AB] + [aB]

[4] [Ab] × [aB] → [AB] + [Ab] + [aB] + [ab]

156 第Ⅱ部 "いのち"のつながり

「AとBが交配するとABが生じる」という言明は,確かに［1］〜［4］のどの交配からも表現型として［AB］が出現しているので,有性生殖には（別個体に分有されていた）有利な遺伝子を（1個体に）共存させる効果がある,というのは正しい.

ところで有性生殖のもたらす多様性を論じるとき,親の遺伝子型とは異なる遺伝子型の出現を重視するあまり,「親の表現型が残される」ことの意義を見失いがちになる.

親の遺伝子が表現型として示していた特徴は,有性生殖の直前まで有効だった特徴である.もし有性生殖によってもたらされる新たな遺伝子型が示す新たな表現型が有害なものであれば,親の表現型を失っていたら絶滅に至りかねない.上記の例で,もし新規に出現した［AB］や［ab］が有害であれば,［1］は絶滅に至り,［2］と［3］は片方の親の表現型を失ってしまう.［4］のみが親の表現型を残すことによって,新しい表現型の検証テストを無事通過することができる.

有性生殖により,有利なものが生き残り不利なものが排除されるということは,有性生殖による多様化の意味が,単に多様な遺伝子型をもたらすことにあるのではなく,有利・不利の検証を経て,生き残るチャンスを増やすような多様化でなければならない.すなわち,「遺伝子型の多様化」ではなく,「表現型の多様化」をもたらすことによって,"自然淘汰"に晒す仕組みこそが,有性生殖の本義でなければならない.

有性生殖は遺伝的多様化をもたらす上での重要な仕組みではあ

るが，重視すべきは遺伝子型の多様化ではなく表現型の多様化であることと，親の形質を保存しながら，親には無かった形質を出現させるような多様化であるべきだということについては，これまで意外に注目されてこなかった観点であり，本書ではこのあとも折を見ては繰り返すことになる．

2 | ゾウリムシの有性生殖

47頁の「ゾウリムシ細胞に寿命はあるか？」という問いは「真核細胞であるゾウリムシは無性生殖だけで永続できるか？」と同じ問いであり，その答えは「ノー」であった．オートガミー（自家生殖）という有性生殖の後，ゾウリムシの無性生殖が継続できるのは数百回分裂に限られており，無限に継続できるとされていた過去の報告を否定したのは，インディアナ大学のT. M. ソネボーンであった．

ソネボーンは，上記オートガミーの発見（1954年）に先立つ17年も前に，ゾウリムシが性をもつことを発見し，接合という有性生殖の様式について教科書的基準となる知識を確立していた．

私の恩師である三宅章雄さんは，京都大学を卒業して大阪市立大学の助手であった1958年に，ソネボーンさんをアッと言わせる大発見をした．接合は異性のゾウリムシが遭遇しなければ始まらない．ところが三宅さんは，一方の性だけの集団を塩化カリウム溶液に浸すだけで，同性の接合対が誘導され（図23），普通の接合と同様の核変化を経て，若返った次世代のゾウリムシができ

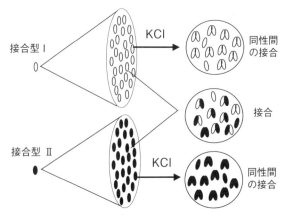

図23 ●ゾウリムシの異性間の接合と，三宅によって発見されたKClによる同性間の接合の誘導．接合型Iと接合型IIは，メスまたはオスに相当する性差を表す（Miyake, 1958を基に高木作図）．

るというのである．ソネボーンさんは早速三宅さんをインディアナ大学の自分の研究室に招待した（ソネボーンさんが来日の際，京都に三宅研究室を訪ねて，我々院生のセミナーを呼び掛けた52頁記載のエピソードの遠因である）．

話が飛ぶが，2014年の1月に"STAP細胞"発見のニュースが世界中で大騒ぎになった．*Nature*に発表された論文に科学界が何よりも驚いたのは，分化した細胞を未分化の多能性細胞の状態に戻す（初期化する）方法が，酸処理という余りにも簡単な方法だったことだった．しかし，私がその話を聞いて驚いたのは，「えっ！それって50年以上前に三宅さんが発見した"KClによる接合の誘導"と同じようなことではないか」ということだった．ゾウリ

ムシの接合の誘導もまぎれもない"初期化"である．

"弱酸液によるマウス STAP 細胞の誘導"は，残念なことに世界中の誰も追試に成功せず，歴史に残る捏造事件になってしまった．しかし"KCl によるゾウリムシの接合の誘導"は世界中の誰もが再現できた．私自身，静岡大学の学生だった頃に，卒業研究で与えられた研究テーマが，その実験を別種で再現して見せることであった．その経緯についてはすでに記した（高木, 2014）．

三宅さんにより改良された化学薬品処理法——低濃度 Ca^{2+} の条件下での KCl＋アクリフラビン——を使えば，ゾウリムシ属の様々な種について有効であり，高校の生物実習でも追試できる状態になっている．この液に単一細胞を置くと（通常オートガミーをやらない種の）ゾウリムシにオートガミーを誘導できることもわかった（Shimomura & Takagi, 1984）．因みにこの実験を行った下村ふみよさん（現姓：豊田，奈良県立医科大学助教授）は，イモリの性行動誘導フェロモンである「ソデフリン」（名前の由来は，万葉集の額田王の「茜さす紫野行き標野行き野守は見ずや君が袖振る」）の発見者の一人である．

同性間の接合やオートガミーは有性生殖か？

若い頃から有性生殖という現象に向き合ってきた私にとって，なじみ深い有性生殖は化学薬品で誘導される同性同士のゾウリムシの接合や，単一細胞でのオートガミーであり，教科書で学ぶ有性生殖とは違っているように見えた．しかしよく見れば，ゾウリムシの有性生殖のいずれにも共通にみられる現象があるだけでな

160 第Ⅱ部 "いのち"のつながり

く，他の生物の有性生殖と共通する現象も少なくない．

　まず前者について．

　ゾウリムシの有性生殖では，どの場合でも，**小核**は減数分裂に始まる複雑な核変化を行うが，**大核**は変形・崩壊・消失する．**生殖核**である小核は次世代に遺伝子を伝える重要な役目を担ういわば取って置きの核であるが，**体細胞核**である大核はその世代限りの仕事を果たした後は消滅を運命づけられたいわば使い捨ての核である．

　ゾウリムシの有性生殖の研究を志した者が，小核と大核のどちらに重点を置くかといえば，言うまでもなく小核である．ところが，私にとってどうしても気になるのは大核の方であった．有性生殖の始まる直前までゾウリムシの生活のすべてを切り盛りしていた大核が，有性生殖が始まると強制的に崩壊・消滅を余儀なくされるという現象が無視できなかったのである．

　小核の減数分裂に注目する研究者にとって，有性生殖は既知の現象であって，現象が"いかに"起こっているのか，その分子的背景を明らかにすることが研究の目的である．ところが大核の崩壊に注目すると，有性生殖は未知の現象になり，"なぜ"そんなことが起こるのかと問わざるを得なくなる．不思議なことに，研究者の多くは既知の現象の枠内で研究テーマを探すのであって，未知の現象に正面から取り組もうという研究者はむしろ少数派だ．現に私は当時，「有性生殖で小核にではなく大核に注目する高木さんは，"生物学"をやめて"死物学"をやるつもりですか？」と，研究者仲間から（親しみを込めて）からかわれていた．振り返っ

第Ⅳ章　"いのち"のつなぎ方：無性生殖と有性生殖　　161

てみれば，私は本当に生涯かけて"死学"に取り組んできた感がある．

　大御所の研究者からも，「研究者は Why と問うな，How と問え」と何度も忠告を受けた．その意図は，How を問わないと論文は書けないよ，現役時代は How を問い続け，Why は退職してから問えばいい，という親心であることはわかっていたが，一度生じた疑問は簡単には引き下がってくれない．

　多くの研究者にとっての研究課題は，この局面でどんな分子が必要とされ，どこで作られ，どのように働くのかであって，働きを終えた後「どのように処分されるのか」といったことはほとんど問題にされない．生物学だけに限った話ではない．原発を作ることには躍起になったが，使用済みの原発をどう処分するかは，ほとんど問題にしてこなかった研究者の姿勢が，福島の事故で明らかになった．

　余談になるが，本書原稿は 2014 年から書き始め，その何回目かの原稿を書き終えた時点（2016 年）で，大隅良典さんがノーベル医学生理学賞を受賞したとのニュースを知り，ことのほか嬉しく思った．というのは，大隅さんは，かねてより「使用済みの分子や細胞器官をいかに処理するか」をテーマに**オートファジー**という研究課題に取り組んでこられただけでなく，その分野を世界的規模に広げられた研究者として尊敬していたからである．いわば"死物学"を"生物学"の一分野に定着させたパイオニアとも言える．ゾウリムシが使用済みの大核をどう処理するか，その意味は何なのか，という問題を立てながら，これといった新しい研究を展開できなかっただけに（比較をするのもおこがましいが），

大隅さんの業績の偉大さにひときわ感じ入っている.

次に，ゾウリムシの有性生殖と他の生物の有性生殖との共通点について.

ゾウリムシの有性生殖のうち，"まともな接合"すなわち異性間の接合は，多くの教科書で典型的な有性生殖の事例として紹介されている．典型的な有性生殖とは，例えば「異性が分けもつ遺伝子を，配偶子の合体により混ぜ合わせ，遺伝的に多様な次世代をつくる生殖様式」のようなことで，以下の四つの要素が含まれる.

① 雌雄の性差（性分化）
② 配偶子の形成（減数分裂）
③ 配偶子の合体（受精）
④ 遺伝的多様化（非親型遺伝子をもつ子）

化学薬品で誘導される"まともでない接合"や，オートガミーには，①の条件が欠けていて，特にオートガミーには④の条件も欠けていると指摘され，私自身もそう思ってきた.

しかし化学薬品で誘導される接合がまともでないという思いは早くに払拭された．図23の右側中央の「接合」の絵をよく見ていただくとおわかりのように，異性間の接合対に混じって同性間の接合対が描かれている．これはあらかじめ別々に標識しておいた接合型ⅠとⅡを混合した実験を行うとすぐにわかることで，まともな接合過程においても，同性間の接合対は出現していたのである．化学薬品処理による接合の誘導は，正常過程では稀にしか

第Ⅳ章 "いのち"のつなぎ方：無性生殖と有性生殖

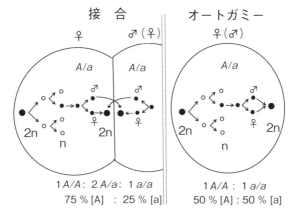

図24 ゾウリムシの接合とオートガミーでの小核の変化．この図では大核が描かれていないが，大核は接合やオートガミー過程で崩壊・消失し，新大核は2nの受精核から再生する．

起こらない現象をズームアップしてみせただけで，まともでない接合を誘導したわけではなかったと言えよう．

次に図24を見ていただきたい．ゾウリムシの通常の接合とオートガミーで起こっている小核の変化を示したもので，2倍体の小核（2n）が減数分裂で四つの1倍体核（n）をつくり，そのうち三つは退化して1個だけが残り，その1個が核分裂して2個の配偶核をつくり，一方が移動核（♂核）に，他方が静止核（♀核）になる．

細胞レベルで見れば，♀と♂という異性の細胞が関わっているのはまともな接合だけのように見える．しかし同性間での接合（自系接合）でも，単性でのオートガミー（自家生殖）でも，「核レベルでの性分化」が起こっていることに注目していただきたいので

ある.

ここで反論されるかもしれない. 核レベルでの性分化というとき, 接合の場合には, ♂核は接合相手の細胞に移動する核であり, ♀核は留まる核だから性分化と言えるが, オートガミーの二つの配偶核には雌雄性の区別はないではないか, と.

いや, この二つの配偶核は雌雄核と見るべきだという理由は次の通りだ.

図24の接合の図で, 核交換が行われる直前に, 細いガラス針で細胞間の接合面を切断すると, それぞれの細胞でオートガミーが誘導される. つまり移動核は移動先が消えると, 自身の細胞内の静止核と受精核をつくる性質をもっていたのである (見上, 1986).

このように, 化学薬品で誘導される接合やオートガミーも, 改めて丁寧に見直してみると, 有性生殖の①〜④の条件のうち, ②③だけでなく①性分化の条件も満たされていることがわかった.

では④遺伝的多様化はどうだろうか.

3 | 有性生殖のエッセンス

遺伝的多様化について検討するために, 最も簡単な事例として A と a の占める遺伝子座を想定し, ゾウリムシの3通りの有性生殖——(Ⅰ) 異系統間 (クローン間) 接合, (Ⅱ) 同系統間 (クローン内) 接合, (Ⅲ) オートガミー——で, 遺伝的変化の生じ方を比較してみよう. この遺伝子座の遺伝子型の違いは A/A と A/a

第Ⅳ章 "いのち"のつなぎ方：無性生殖と有性生殖　165

表2 ● 3通りの有性生殖で，単一の遺伝子座での遺伝子型と表現型の出現の違い

（Ⅰ）異系統間（クローン間）接合での三つの可能性	
$A/A × A/a → 2 A/A + 2 A/a$	（[A]×[A]→ 4［A］）
$A/A × a/a → 4 A/a$	（[A]×[a]→ 4［A］）
$A/a × a/a → 2 A/a + 2 a/a$	（[A]×[a]→ 2［A］+ 2［a］）
（Ⅱ）同系統間（クローン内）接合での三つの可能性	
$A/A × A/A → 4 A/A$	（[A]×[A]→ 4［A］）
$A/a × A/a → 1 A/A + 2 A/a + 1 a/a$	（[A]×[A]→ 3［A］+ 1［a］）
$a/a × a/a → 4 a/a$	（[a]×[a]→ 4［a］）
（Ⅲ）オートガミーでの三つの可能性	
$A/A → 4 A/A$	（[A]→ 4［A］）
$A/a → 2 A/A + 2 a/a$	（[A]→ 2［A］+ 2［a］）
$a/a → 4 a/a$	（[a]→ 4［a］）

と a/a の3通りあり，それぞれの表現型は［A］，［A］，［a］である．異性間での接合の場合，現実には性が違っても，（男女で同じ血液型遺伝子をもつように）ある遺伝子座では同じ遺伝子型である場合も少なくないが，ここでは異性間の遺伝子型が異なると仮定し，親子間の遺伝子型の変化と，（　）内に表現型の変化を示す（表2）．1回の接合なりオートガミーなりで生まれる子供の数はどの場合も一定（4個体）としている．

　まず，左辺の親の遺伝子型と右辺の子の遺伝子型を比較して，「非親型の遺伝子型」つまり「右辺にだけあって左辺にない遺伝子型」を生じる割合を見てみる．

　（Ⅰ）は $A/A × a/a$ で生まれる $4 A/a$ だけが該当するので 4/12 ＝33.3％となる．（Ⅱ）は $A/a × A/a$ で生まれる $1 A/A$ と $1 a/a$ だけが該当するので 2/12＝16.7％となり，（Ⅲ）は A/a の子はすべ

166　第Ⅱ部　"いのち"のつながり

て非親型なので，全体の頻度は 4 /12＝33.3％である．

　次に「非親型の表現型」を見ると，（Ⅰ）では子に非親型の表現型は出現しないので 0 ％，（Ⅱ）では $A/a×A/a$ のときの 1 ［a］のみが非親型なので 1 /12＝8.3％となり，（Ⅲ）では A/a の半数の子が非親型なので 2 /12＝16.7％となる．

　有性生殖のエッセンスを遺伝的多様性をもたらす仕組みだとすると，非親型の子供を生じる頻度が高いほど優れた有性生殖様式ということになるだろう．上記の結果から見る限り，「非親型の遺伝子型」をもつ子供を生じる頻度は，異性間の接合が同性間の接合よりは優れているが，オートガミーとは対等である．一方，「非親型の表現型」をもつ子供を生じる頻度は，オートガミーで最も高く，同性間の接合が続き，異性間の接合は最下位となる．

　しかし先に述べたように，「親の表現型を残す」ことの意義を忘れて非親型の表現型をもつ子供を生じる頻度だけに注目することは，有性生殖の本来の意味を見失う恐れがある．そこで「親の表現型を残しながら非親型の表現型を生み出す」有性生殖はどれかと表 2 を見ると，（Ⅱ）の $A/a×A/a$ のときと（Ⅲ）の A/a が該当し，特に後者の A/a のオートガミーでは，［A］→ 2 ［A］＋ 2 ［a］で表現されているように，親型と非親型の表現型を 50％ずつ作り出すという見事な形式になっている．

　この結果を素直にまとめれば「オートガミーは理想的な有性生殖様式である」ということになる．しかしこの結論に一番驚いたのは私自身であった．というのは，先にも述べたように，オートガミーが一度起こると，すべての遺伝子座がホモになるので，原

則的に2回目以降のオートガミーは何度起こっても全遺伝子座が同じホモのまま変わらず，原理的には「遺伝的多様性」という観点からは最も遠い有性生殖法であるとみなしていたからである．ところが「もし A/A ホモが A/a ヘテロになったら」という局面を想定すると，突然変異 a の「有用性を検証する方策」として，オートガミーが見事な役割を果たすことに気づいたのである．

いったんこのような観点に立つと，ゾウリムシの有性生殖の際に小核が奇妙なふるまいをすることにも納得がいく．

144頁の表1に示したように，「減数分裂後の細胞の二分裂」と「二分裂後の細胞の融合」はいずれもタブーであった．ところが有性生殖時には図24（163頁）で見たように，核のレベルでタブーが破られ，減数分裂後の核の二分裂と二分裂後の核の融合が起こっていたのである．

考えて見れば，そんな原則破りをしなくても，減数分裂で四つの1倍体（n）の核ができているのだから，接合ならそのうちのどれか二つが移動核と静止核に分化すればいい．オートガミーなら4核のうち任意の二つが受精すれば済む．そういう一見「まとも」と思える減数分裂産物の使い方をせずに，減数分裂でできた四つの1倍体（n）核の一つだけを残して，それを一度二分裂させた上で，2種類の配偶核にするというゾウリムシ（など繊毛虫）特有の有性生殖を生み出したのには，次のような理由が考えられる．

A/A 遺伝子が突然変異により A/a に変わっても，表現型は［A］のままで変わらない．折角の突然変異遺伝子 a が有用な遺伝子な

のか，有害な遺伝子なのか，もしくはそのどちらでもない中立の遺伝子なのかは，a遺伝子を発現できる状態にしなければわからない．すなわち［a］という表現型をつくらなければならない．そのためには2倍体のA/aを1倍体のAとaにするか，a/aというホモの2倍体をつくるかのいずれかである．

　なんとオートガミーはこの両方を一挙に行っているのである．まず減数分裂で1倍体のAとaをつくり，減数分裂産物を二分裂させるというタブー破りの策でa/aを生み出すチャンスを与えているのである．減数分裂産物を二分裂させるというのは，実は減数分裂産物であるaを発現可能な状態にしているというだけでなく，実際に二分裂という行為を強いることによって，二分裂という重要な機能を行う能力を失っていないかどうかを実地に試す仕掛けになっているのではなかろうか．

　一見多様性をもたらさない仕組みと考えてきた「全遺伝子座のホモ化」こそ，突然変異でヘテロになった遺伝子座の潜性突然変異遺伝子を，表現型として引き出す絶妙の仕組みだったのである．

　オートガミーが有性生殖としてそれほどに優れた様式なら，ゾウリムシに限らず様々な生物でオートガミーが見られるはずではないか，と誰しもが思うだろう．現時点でオートガミーは繊毛虫類の *Paramecium*, *Tetrahymena*，肉質虫類の *Actinophrus*, *Arcella*, *Rotaliella* など，かなり広い綱～属にまたがって報告されてはいるが，決して一般的な現象ではない．

　オートガミーはソネボーンのような天才的な研究者が精査したことによってゾウリムシで初めて明らかにされたことから考えると，実際には多くの原生生物で行われているのに明るみに出てい

ない，というのが実情なのかもしれない．

4 | 有性生殖の起原

　オートガミーは，より原始的な（接合に先行する）有性生殖の様式であるとしても，減数分裂と受精という複雑で高度に制御された過程が含まれる．このような減数分裂と受精が，あるとき突然一挙に出現したとは考えにくい．

　図21と表1でみたように，無性生殖である体細胞分裂過程は，全遺伝子の「複製・分配」と表される．一方，有性生殖である減数分裂過程は，全遺伝子の「複製・対合・分配・分配」と表わされる．「分配」が前者では1度しかないのに対し，後者では2度あるという違いはあるが，両者の大きな違いは「対合」の有無である．有性生殖には，相同染色体を「対合」させるための巧妙な仕組みがあり，対合ゆえに染色体の組み換えが可能になり，組み換え時にDNAのエラー修復も行われるが，ここでは有性生殖の出現プロセスについての話題に限定する．

　2倍体と1倍体の無性生殖は次のように表すことができる．

　　2倍体($2n$)の無性生殖：複製($2n \to 4n$)・分配($4n \to 2n + 2n$)
　　1倍体　(n)　の無性生殖：複製　($n \to 2n$)・分配　($2n \to n + n$)

　では，もしも2倍体の無性生殖で「分配」が重複して「複製・分配・分配」となったら，あるいは1倍体の無性生殖で「複製」が重複して「複製・複製・分配」となったらどうだろう？　前者

170 第Ⅱ部 "いのち"のつながり

は2倍体の1倍体化（2n→n）をもたらし，後者は1倍体の2倍体化（n→2n）をもたらすだろう．

複製（2n→4n）・分配（4n→2n）・分配（2n→n）

複製（n→2n）・複製（2n→4n）・分配（4n→2n）

2倍体の1倍体化をもたらした「複製・分配・分配」は無性生殖の変形に過ぎないが，減数分裂の「複製・対合・分配・分配」から対合を省いた過程に相当する．

1倍体が2倍体になることはゲノムを保護する「安全対策」であり，2倍体が1倍体になることは新規突然変異の「有用性の検証」であるとみなすことができる．

もし1倍体のままで大型ゲノムをもてば，コピーを作る間にたくさんのエラー，つまり突然変異が生じ，間違いだらけの遺伝子DNAができてしまう．その対策が遺伝子をセットでもつこと，つまり2倍体になるということだったと考える．

遺伝子が A 一つだけしかなければ，$A \rightarrow a$ の変化が起きたとき，もし a が有害であればその遺伝子をもつ細胞は絶滅してしまう．しかしもし A/A とペアでもっていれば，$A \rightarrow a$ の変化が起きて A/a となっても，A が顕性（優性）として働くことで a の有害な影響を抑えることができる．しかしいつまでも2倍体の状態が続けば，$ABCD/ABCD$・・・➡ $ABcD/aBCd$・・・➡ $abcd/abcd$ のように潜性（劣性）突然変異が表面化してゆくだろう．

これを避ける道は，顕性遺伝子による潜性遺伝子のカバーリングが限界になる前に，あるいは確率的に適度の潜性遺伝子が出現するころに（例えば $ABcD/aBCd$ の段階で）潜性遺伝子が使い物に

なるのかならないのかを確かめることだろう．

　それを実施するには，定期的に2倍体を1倍体にする作業が必要だろう．ここで言う「定期的に」が意味する間の重要性を象徴するのが，性成熟に達するまでの未熟期，すなわち「適度に突然変異が蓄積するための期間」ではないかと考える．

　この仮説は，どんな方法であれ，2倍体の1倍体化という作業自体に意味があるとする考えである．「1倍体化と2倍体化」がやがて「減数分裂と受精」というかたちに変化したのが有性生殖の進化史であろう．

　原初の有性生殖は，無性生殖の変形である「複製・複製・分配」によって1倍体が2倍体になり，「複製・分配・分配」によって2倍体が1倍体になることである，というのが私の**原初有性生殖仮説**である（高木，2009，2014；Takagi, 2010）．有性生殖の起原についてのこれまでの様々な考察の中で，無性生殖と直結させたこの仮説は，最も単純明快なものではないかと自負するが，あくまでも仮説であって，公認どころか，第三者に取り上げられたこともない．これは僻みではなく，仮説が認められるには，何よりも提唱者が仮説を証明する根拠となる事実を示す必要があり，第三者に検証の意欲を促すだけの魅力がなければならないという科学の厳しさを語っているに過ぎない．

第 V 章 | *Chapter V*

"いのち"の起原

　"いのち"のつなぎ方に注目した前章では，細胞は無性生殖と有性生殖のサイクルを繰り返すことにより，細胞から細胞へと"いのち"をつないでいくことを見た．細胞の系譜をたどれば，1,000年前はおろか，100万年前にも，いや生命誕生の38億年前にまで遡ることができる．この間に，細胞の系譜にとって二つの大事件が起こっている．一つは原核細胞が真核細胞に変わるという大変化であり，もう一つは細胞など存在しなかった時期の地球上に最初の細胞が出現したという大事変である．

　まずは私たちの細胞を 1,000 年前までたどってみよう．

1 | 細胞の歴史性

1,000 年前のあなたの細胞

　1世代を 25 年とすると，1,000 年前の平安時代は 40 世代前になる．あなたが生まれるには 2 人の両親がいて，それぞれの両親にも 2 人ずつの両親がいるので，倍々で増える細胞分裂と同様，

174 第Ⅱ部 "いのち"のつながり

n世代前には2^nの祖先がいたことになる．40世代前には2^{40}，つまり10^{12}，つまり1兆人の祖先がいたことになる．この計算がおかしいことは，平安時代の世界に1兆人のヒトがいたはずがないので，すぐに気づく．

では個体としての自分が死んでも，自分の遺伝子の半分は子供に，4分の1は孫に，8分の1は曾孫に残すことができる．しかし40世代後には1兆分の1に希釈されて，実質的に自分の遺伝子は消滅してしまう，という想定はどうだろう．

祖先に向かって末広がり，子孫に向かっても末広がり．あなたは扇の要の位置にいて，あなたの1,000年前に祖先が1兆人，あなたの1,000年後にも子孫が1兆人という計算もありそうだが，もちろんこんな計算も成り立たない．

では，こうした計算・想定のどこがおかしいのだろうか？

答えは近親結婚にある．現実にはありえないような極端な例で考えてみよう．

2人の夫婦（両親）に2人の男女の子供がいて，その2人が夫婦になって2人の男女の子供が生まれ，またその2人が夫婦になって2人の男女の子供が生まれ・・・というのを繰り返していけば，1,000年後にも，家族3世代が同時に生存しても子孫は6人（！）のままだ．つまり，どの世代の人から見ても，1,000年前に祖先が2人，1,000年後にも子孫が2人で，先の計算とは大違いだ．

このような極端な近親結婚は人間社会では法的・社会的に禁じられているが，生物としてありえないか，というとそうではない．

第Ⅴ章 "いのち"の起原 175

　実験室では，モデル生物であるショウジョウバエやマウスを，子供同士での交配を強制して飼育している．近親交配を続けることで，ある形質について同じ遺伝子型をもつ「純系」生物をつくり，遺伝的背景に左右されずに，問題とする現象についての実験的調査を行いやすくするためである．

　ヒトの世界ではそんな極端な近親結婚はありえないので，やはり子孫に向かっての遺伝子の希釈は避けられないのではないか，との疑問には，ヒトの遺伝子はチンパンジーの遺伝子と約99％等しい，とだけ言っておこう．ヒト同士はお互いに遺伝子の99％以上が等しいということで，決して交配ごとに遺伝子の類似度が下がっていくのではない．

　類人猿と分かれた共通祖先がいて，その後子孫が次第に増えて世界中に広がった．祖先が二人だけだとすると，初期の近親結婚は避けられない．極端な近親結婚は次第に少なくなったとしても，同族結婚は長い期間ごく普通に行われてきた．今でも，先祖をたどれる限り遡ってもすべて同じ村の住民であったり，せいぜい関西人とか東北人とかいった地域人である場合が少なくない．ある小規模の同族内で，あるいは同じ村や町の人達同士が婚姻することが多ければ，似た遺伝子を共有する集団となる．

　平安時代の日本人集団で共有されていた遺伝子が，相互に混ぜ合わされながら，遺伝子の組み合わせだけが変わって，あなたに，私に，受け渡されている．遺伝子の多くは1,000年くらいの期間ではほとんど変化しないので，平安時代人がもっていたのと，現在の私達がもっている遺伝子は，トータルに見ればほとんど同じということになる．

婚姻集団の規模が小さく閉鎖集団であるほど，お互いは似通ってくるというのが遺伝の法則である．前述のマウスやショウジョウバエはこの原理を極端なかたちで利用し，遺伝的に均質な個体群を意図的につくっている．その延長線上で考えると，例えば島国の日本では，地理的に異国間の交流が頻繁に起こる国と比較して，個体群の遺伝的均質度が高くなるだろう．民族や人種が異なるのは，限られた集団での婚姻が続くことによる「遺伝的隔離」に他ならない．地球規模で婚姻すれば地球規模で遺伝子が混ぜ合わされる．

もしヒトの共通先祖がアダムとイヴであれば，世界中のすべての人は，規模の大小，程度の大小はあれ，ほぼ同じ遺伝子を共有し合っている同族集団である．それがホモ・サピエンスという1属1種のヒトであることの意味である．仮にあなたが子供を残さなくても，あなたの遺伝子は世界中のヒトに分け持たれている．

100万年前のあなたの細胞

100万年前にはヒト *Homo sapiens* は地球上に存在しない．最初のホモ属の登場は約240万年前の東アフリカと言われる．この分野の素人である私の理解しているところでは，100万年前頃にいた人類はホモ・エレクトス *Homo erectus* と呼ばれ，この系統からおよそ20種ものホモ属が分岐したが，50万年前頃に登場したホモ・サピエンス以外はすべて絶滅した．5万年前頃まではアフリカから出てヨーロッパ，西アジアに進出していた現人類とネアンデルタール人が共存していたが，ネアンデルタール人は2.5〜3万年

第Ⅴ章 "いのち"の起原 177

前に何らかの理由で絶滅してしまった.

　生物の主たる分類単位は，界・門・綱・目・科・属・種に区分される．ヒトは動物界・脊索動物門・哺乳綱・霊長目（サル目）・ヒト科（Hominidae：類人猿とヒト）・ヒト属 Homo・ヒト種 sapiens となる．学名は大文字で始まる属の名称と，小文字で始まる種の名称をイタリックで併記する．亜種に区分する必要がある場合には種の後に小文字で付け加える．

　最近ネアンデルタール人の DNA 解析が進み，ヒトとの間での遺伝子の交流（有性生殖）が確実視されてきた．「交配可能集団」が"種"の定義だとすると，生き残った現代人と絶滅したネアンデルタール人は同種のホモ・サピエンスで，両者の違いは亜種レベルでの違いだったと考えられる．したがって学名は，前者が Homo sapiens sapiens で，後者が Homo sapiens neanderthalensis となる．ネアンデルタール人と交配があったということは，現代人の遺伝子の中にネアンデルタール人に特有の遺伝子が挿入されていて，それが（病原菌や寒冷への耐性なども含む）様々な環境適応特性として残っているに違いない．

　100万年前にいたホモ・エレクトスは絶滅してしまったのに，あなたや私は現にここに居る．祖先なしに我々はありえないのだから，当時生存していたホモ・エレクトスが，我々の祖先であると考える他ない．当時のホモ・エレクトスは，何十万年か後にホモ・サピエンスを分岐し，さらにホモ・サピエンスが二つの亜種に分岐して，生き残った唯一のホモ属として今の我々がある．

　ホモ Homo 属は1属1種でサピエンスしか現存しないが，現存種でヒトに近い類人猿のチンパンジー Pan，ゴリラ Gorilla，オラ

ンウータン *Pongo* は，どれも現在でも 1 属 2 種の状態が続いている（分類法は研究の進展に伴い変化しうる）．*Pan* はチンパンジーとボノボ（ピグミーチンパンジー）の 2 種，*Gorilla* はニシゴリラとヒガシゴリラの 2 種，*Pongo* はスマトラオランウータンとボルネオオランウータンと 2017 年に新種記載されたタパヌリオランウータンの 3 種である．

　因みにヒトが，チンパンジー，ゴリラ，オランウータン，テナガザル，旧世界ザルと分岐したのは，それぞれ 600 〜 700 万年，900 万年，1,300 万年，2,000 万年，3,000 万年前頃と推定されている．

　無から有は生じないので，我々の遺伝子はなんらかの形で過去の生物の遺伝子を引き継いでいる．「細胞は細胞から」の原理が成立している "いのち" の世界では，「遺伝子は遺伝子から」の原則も成立しているのであって，われわれの遺伝子は 38 億年前に誕生した最初の細胞にまで辿れることを忘れてはならない．

ネアンデルタール人の滅亡と「脳力」

　ネアンデルタール人の滅亡の理由には様々な説があるが，私は言語の未発達によるコミュニケーション不足，という説に惹かれる．

　解剖学的証拠から，ネアンデルタール人の頭蓋骨底床（口腔の天井）が平ら（ヒトは屈曲）で，喉仏が上部に位置しているため気道が短く（ヒトは長く），複雑な発声を要する言語の発達に至らなかっただろうと推測されている．

　また遺伝学的証拠から，発声（発語）能力に関わる重要な遺伝

子として知られる *FOXP2* には何ら差はないそうだが，言語能力を司るブローカ野の発達に差が見られるという．

現存しないネアンデルタール人の言語能力について，それも素人が評価するのは暴挙に近いことを承知の上での推論だが，ネアンデルタール人は簡単な言語はもっていたとしても，状況を伝えるような高度な言語はもたなかったのではなかろうか．つまり，見えるものを理解し表現することはできたが，見えないものを表現する能力に欠けていたのではなかろうか．

当時の地球は寒冷化が進んでいて，食糧不足の状態にあったが，言語を発達させた現代人の祖先は，仲間同士のコミュニケーションを通じて狩猟対象動物の存在や移動先の予測，集団での狩りができただけでなく，知能の発達を促し技術の進歩を可能にしたと考えられる．

現代人の祖先とネアンデルタール人は，DNA 遺伝子（gene ジーン）のレベルではほとんど差がなかったが，文化遺伝子（meme ミーム）のレベルで大差がついたと言えるのではなかろうか．ミームとは，言葉や文字などの媒体を通じて，社会的・文化的情報が，人から人へと伝えられる現象を概念化した用語で，R. ドーキンスによって提唱された（ブラックモア，2000）．

DNA 遺伝子は"獲得形質"を次世代に伝えることができない．ところが文化遺伝子ミームは，創造的言語能力をもつことによって，知恵という獲得形質を次世代に受け渡すことができたのである．

180 第Ⅱ部 "いのち"のつながり

コラム❽
column
神話を生む「脳力」

　仏教で言う三界（欲界，色界，無色界）の一つ「欲界」は，下天・忉利天・夜摩天・兜率天・楽変化天・他化自在天の六天が階層構造を成していて，それぞれの天人の寿命は 500 年・1,000 年・2,000 年・4,000 年・8,000 年・16,000 年と決まっているそうだ．ただし，それぞれの 1 日は人間界の 50 年・100 年・200 年・400 年・800 年・1,600 年に相当するとのことなので，例えば下天の寿命は，人間世界の約 900 万年になる．

　織田信長が好んで舞ったとされる幸若舞の「敦盛」は「人間 50 年，下天の内をくらぶればゆめまぼろしのごとくなり．一度生を享け滅せぬ者のあるべきか・・」と謡う．人の世の 50 年が下天の 1 日に過ぎないことを言っているのであって，900 万年と比較しているのではないだろう．人間世界に 900 万年という歴史は存在しないのだから．同様の換算で，他化自在天の寿命は 93 億 4,400 万年ということになるが，いくらなんでも，と思う．生命の歴史は 38 億年．地球の歴史でさえ 46 億年だ．しかし，このような数字を考え出した人間の「脳力」はなんとも驚異的だ．偶然に違いないが，宇宙が誕生して 137 億年という枠内に収まっているのも凄い．

　仏教世界の奔放な想像力に比べると，『旧約聖書』の創世記に登場するアダムに始まる 10 世代の寿命記録が控え目に見えてくる．すなわち，①アダム 930 歳，②セト 912 歳，③エノシュ 905 歳，④ケナン 910 歳，⑤マハラルエル 895 歳，⑥イエレド 962 歳，⑦エノク 365 歳，⑧メトセラ 969 歳，⑨レメク 777 歳，⑩ノア 950 歳．最長寿のメトセラの名は，不老不死の代名詞としても使われる．例えば寿命をもたないとされていた時期のフタヒメゾウリムシは「メトセラ・ゾウリムシ」というニックネイムが与えられていた．

第Ⅴ章 "いのち"の起原 181

　この延長上で日本の『古事記』中巻に記載されている 15 代の天皇の寿命を見ると，まことに慎ましい．①神武 137 歳，②綏靖 45 歳，③安寧 49 歳，④懿徳 45 歳，⑤孝昭 93 歳，⑥孝安 123 歳，⑦孝霊 106 歳，⑧孝元 57 歳，⑨開化 63 歳，⑩崇神 168 歳，⑪垂仁 153 歳，⑫景行 137 歳，⑬成務 95 歳，⑭仲哀 52 歳，⑮応神 130 歳．当時の記録で 100 歳を超える寿命は非現実的と映ることを恐れてか半数以下に留めていて，40 台，50 台の寿命を混ぜることによって，架空世界の話ではないことを印象付けようとしている気配を感じさせなくもない．これらの数字がいかに控え目であるかを示そうとするかのように，「コノハナサクヤヒメの物語」まで添えて，天皇がなぜ短命なのかが説明されている．高天原に降臨したニニギノミコトは，オオヤマツミノカミが二人の娘を娶るよう差し出したのに，イワナガヒメを断ってコノハナサクヤヒメだけを娶ったために，天皇家の繁栄の元とはなったが，岩のごとく長くつづく命を得られなくなってしまった，という話である．

　このように，生き残った現代人の祖先は，言語能力をさらに発展させ，神話の世界を作り出す「脳力」（共同幻想能力）を獲得した．私達に，祖先の物語や形而上の世界を展開し，見せてくれたのである．寿命に限って言えば，古事記は「虚実」をない交ぜ，旧約聖書は「虚」に徹し，仏教は「虚」を通り越して「空」とでもいうべき自由奔放な空想の世界を作り出した．

　2016 年には，人間の作った人工知能（AI：Artificial Intelligence）「アルファ碁」が世界チャンピオンを打ち負かした．その後 AI が，人間世界のあらゆる分野を席捲しようとしている．人間の「脳力」がどんな新展開をもたらすか，試されている．

182　第Ⅱ部　“いのち”のつながり

近縁とは？

　近縁かどうかは遺伝的遠近を問題にしているのであるが，それを測る尺度は様々である．我々に最も身近な尺度である“近縁度”（血縁度ともいう）は，染色体としてまとまった遺伝子群を共有している割合を表す．ヒトは 23 対 46 本の染色体をもっていて，母または父との近縁度はともに 0.5（50%）であり，両親との近縁度なら 1 で 100% 同じである．例えばあなたと妹（姉でも兄でも弟でもよい）との近縁度を計算するには，染色体が受け継がれる系譜をたどっていく．あなたの染色体の半分（0.5）は母親からもらっていて，母親は姉にも半分（0.5）を渡している．だから母親を介してのあなたと姉の近縁度は 0.5×0.5＝0.25 だ．同様に父親を介してのあなたと姉の近縁度も 0.5×0.5＝0.25 だ．したがって両親の子供であるあなたと姉の近縁度は 0.25×2＝0.5 ということになる．

　この用語は，社会性昆虫であるミツバチの社会で，同じ雌蜂である女王蜂と働き蜂のうち，なぜ女王蜂だけが子供を残すのかを説明するのに使われたことで有名になった．生物は「いかに多く自分の子孫を残すか（繁殖成功）」を巡って生存競争をしているのであって，その競争に勝った者が生き残る（適者生存）というのがダーウィン進化論の原則であるはずなのに，働き蜂は子供の世話，餌集め，巣づくり，防衛といった仕事を分担して利他的行動に専念し，自分の子供は残さない．なぜなのか．それはメス同士である働き蜂と女王蜂の間の近縁度が 0.75 と高く，その女王

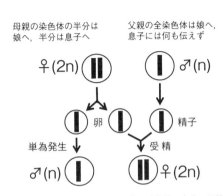

図25 ●ミツバチの有性生殖様式（左）と子世代の近縁度（右）．

蜂の繁殖成功を高めることが，自分の遺伝子を高い確率で女王蜂を通じて子孫に伝えられるからだと説明できた（図25）．

ヒトの場合なら兄弟姉妹の近縁度は0.5であるのに，ミツバチの姉妹の場合には0.75になるのは，図25左側に示したようなミツバチの特異な有性生殖様式による．

2倍体（2n）の女王蜂がつくる1倍体の卵は，精子と受精して2倍体の受精卵から発生すると♀になり，1倍体のまま単為発生をすると♂になる．この特異な生殖様式により，♀は遺伝子の半分を♂の子供にも♀の子供にも渡すが（0.5），♂は遺伝子のすべてを♀の子供にのみ渡し（1），♂の子供には何も渡さない（0）．

その原理で近縁度を計算すると，図25右側に示したように子供世代の♀から見た♂の近縁度は0.25に過ぎないのに，♀同士の近縁度は0.75となる．

図には示していないが，子供世代の♂から見た兄弟と姉妹との近縁度は，前者が（1×0.5）＋（0×0）＝0.5，後者が（1×0.5）＋（0×1）＝0.5で，いずれも0.5である．この計算での（1×0.5）の意味は，♂の染色体はすべて母親由来なので，♂から母親に向かう矢印の値が1で，母親を経て兄弟や姉妹に向かう値が0.5であることを示している．

なおミツバチの染色体数を図には2本と1本で代表させているが，実際には2n＝32，n＝16である．

ところで，ヒトとチンパンジーのゲノムは約99％同じ，と言われる．ヒトの染色体は細胞当り46本から成るが，1倍体相当の23本分（チンパンジーでは24本分）の染色体に相当するDNAをゲノムと言い，両者のDNAはともに約30億塩基対から成る．両者の染色体の数は違うが，DNAの塩基配列は約99％同じ，だというのだ．

この話は，ヒトの兄弟姉妹の近縁度は50％，という話と何がどう違うのだろう．近縁度の計算は，両親の染色体の共有具合を表したものであるが，同じ染色体でも，その数を比較の対象にすると話は違ってくる．ヒトの染色体数は誰もが23対46本なので，ヒト同士は100％同じなのに対し，チンパンジーの染色体数は24対48本なので，ヒトとは23/24，すなわち96％同一ということになるが，この計算法は間違っている．96％と99％の違いを問

第 V 章 "いのち"の起原 185

題にしているのではない．こんな計算法が成り立つのなら，例えばオランウータンもゴリラも，チンパンジーと同じく 24 対 48 本なので，三者は 100％同じとなってしまうからだ．

遺伝子の類似度の表現は実に厄介で，具体的に何と何を比較しているのか，どれほどのサンプル数に基づいて語られているのか，曖昧であることが少なくない．私自身が途方に暮れているのは，最近しばしば耳にする「ヒトのゲノムには 2〜4％ネアンデルタール人の遺伝子が含まれている」という表現である．2017 年に出版された『ゲノムが語る人類全史』の中で，著者の A. ラザフォードは，自分の全ゲノム配列を読み取ってもらって，ネアンデルタール人の配列と比較した結果，「全 DNA 量の確実に 2.7％がネアンデルタール人からのものだった」と書いている．

全ゲノム比較で，ヒトとネアンデルタール人との類似度が，ヒトとチンパンジーとの類似度 99％より低いはずはないので，上記の比較数値は，全ゲノムの 2.7％ は 100％ ネアンデルタール人と一致したが，それ以外の 97.3％ 相当分はチンパンジーとの類似度と大差がなかった，ということかと想像しているが，実のところ困惑している私であることを白状しておく．

ところで，全ゲノムの塩基対の 30 億という数は 3×10^9，すなわち $3 \times 10^3 \times 10^3 \times 10^3$ で，たとえて言えば 1 頁に 1,000 文字書かれた 1,000 頁の本の 3,000 冊分に相当する．ヒトもチンパンジーもこのような巨大な百科事典をもっているが，染色体数が違うこと（46 本と 48 本）を考えると，本の組み方は違っているようだ．例えばヒトの百科事典は 1 頁に 1,000 文字書かれた 1,000 頁の本 3,000

冊分だが，チンパンジーの百科事典は1頁に600文字書かれた1,000頁の本5,000冊分といった具合に．しかし本の内容は99％同じ，ということになる．

99％同じだと聞くと，まるで違いがないように思われるかもしれないが，30億文字のうち1％違うということは，3,000万か所で文字が違っていることになる．つまりヒトの本3,000冊のうち30冊相当はまったく違った文字の並ぶ本ということになる．

ヒト同士の比較なら99.99％同じだとしても，0.01％の違いは30万か所の違い，すなわちある1冊の百科事典の100頁にわたって，まったく違う文字が並んでいることになる．あなたと私はそれほどに違っているというべきか，その程度の違いでしかないというべきか．いずれにしても，DNA鑑定で個人識別ができるのは，その違いを見ていることになる．

38億年前のあなたの細胞

生物の世界は，原核生物と真核生物に二大別できる．

38億年前に誕生した細胞は，約18億年間，原核生物として生きてきた．その間の地球には原核生物のみが存在した．すなわち「原核生物ワールド」であった．

今から約20億年前に最初の真核生物が登場し，アメーバやゾウリムシなどの原生生物をはじめ，植物，菌類，動物といった生物界に分岐していった．約5.5億年〜5億年前には，今日の多細胞動物のすべての門につながる祖先形（化石）が突如出現したいわゆる「カンブリア爆発」があったことはよく知られている．し

かし遺伝子のレベルでは，多細胞動物特有の遺伝子は，カンブリア爆発よりはるか以前の単細胞生物の時代に，遺伝子の多様化が完了していたという．さらに真核生物特有の遺伝子についても，すでに原核生物時代に，遺伝子の多様化が完了していたという（宮田，2014）.

　この発見は非常に示唆的で，遺伝情報・生殖・エネルギー生産などに関わるヒトの遺伝子が，何十億年前の原核生物と共有されていることの説明だけでなく，遺伝子の突然変異は必ずしも早急に有用性を検証される必要はなく，多様な遺伝子型として保存され，これまでにないような新規の環境に置かれたとき，保存された遺伝子型の中から表現型として有益に機能できるものが選び出され使われる可能性を教えてくれる．このことは，例えばオートガミーという手軽な有性生殖が，雌雄の会合を必要とする面倒な両性型の有性生殖に移行したあとは，すでに化石的な有性生殖になっているのかもしれないことを思わせる一方で，今でもその気になって探せば，有性生殖とは思えないような変形版として，どこかで使われているかもしれない可能性をも思わせる．遺伝子の使いようはフレキシブルなのである．

　ここでは，今地球上に存在するすべての生物の細胞は，細胞としても遺伝子としても，38億年前に誕生した最初の細胞（原核生物の起原細胞）につながっていることを感じ取ることが重要だ．

　原核生物は，細胞集合体をつくるものもあるが，原則として単細胞生物なので，原核生物＝原核細胞である．原核生物は古細菌と真正細菌（真細菌）に二大別されるが，その区別は後の第5章3節に譲ることにして，ここでは原核生物もしくは原核細胞とし

て一括して扱う.

　原核生物は細菌（バクテリア）の仲間である．細菌と聞くと病原菌ばかりを思い浮かべるかもしれないが，人間にとって有益な細菌も少なくない．納豆菌や乳酸菌，光合成細菌や根粒細菌，ビフィズス菌やストレプトマイシン生産菌など．最近では腸内細菌が大ブームだ．ユレモ，ネンジュモとかスイゼンジノリなど，藻や海苔を連想させるものもあるが，これらも藍色細菌（シアノバクテリア）に属するれっきとした原核生物である．原核生物のうち最もよく研究されてきたのが大腸菌なので，原核細胞の特徴は専ら大腸菌でわかったことから類推することになるが，現存の大腸菌はヒト細胞と同様，同じ 38 億年の進化産物だということを忘れてはならない．

2 「細胞は細胞から」の唯一の例外

　「細胞は細胞から」の原理は原核細胞にも真核細胞にも例外なく当てはまる．この原理が当てはまらないのは，38 億年前に誕生した最初の細胞についてだけだ．それ以前には細胞は存在していないのだから，細胞は「細胞ではない何か」から生じたはずである．

　細胞をつくるのに必要な「何か」は，現存生物に関しては「有機物」ということになる．タンパク質・核酸・脂質・炭水化物などの高分子有機物は，餌として摂取した他の生物（高分子有機体）を消化・吸収・分解することによってつくられたアミノ酸・塩基・

第Ⅴ章 "いのち"の起原　189

脂肪酸・糖などの低分子有機物からつくられる．このように有機物というのは「有機体(生物)が作り出す物質」ということだから，生物が存在しない世界では有機物も存在しないはずである．存在したとすれば，それは無機物から作られなければならない．

　植物は水と二酸化炭素だけで高分子有機物を作り上げているではないかと言われるかもしれないが，水と二酸化炭素を高分子有機物に変換できるのは，タンパク質をはじめ必要な高分子有機物の装置が備わっているからである．

　38億年前の最初の細胞に問うべきは，「細胞は細胞でないものからどのようにしてできたのか？」という問いであり，まずは「低分子有機物は無機物からどのようにしてできたのか？」が問われなければならない．生命誕生以前の地球環境下で，無機物を原料にして有機物がどのようにして作られたのかという疑問に具体的な手掛かりを与えてくれたのが**ミラーの実験**である（図26）．

　原始大気として，水素 H_2，水蒸気 H_2O，メタン CH_4，アンモニア NH_3 から成る無機物の混合ガスを入れたフラスコに，化学結合に必要なエネルギー源として火花放電をすることによって，各種のアミノ酸（Gly, Ala, Asp, Glu など）をはじめ，酢酸，尿素など様々な低分子有機物が生じることを実験的に確かめた．

　ミラーの実験が示唆するのは，細胞の誕生よりもはるかに遠い段階ではあるが，どういうプロセスを経たにせよ，すべての生物の共通祖先になる「最初の細胞」が，「細胞ではない何か」から誕生しえることを確信できるようになったという意味で，その貢献の大きさは計り知れない．さらに言えば，"いのち"は神が創

190　第Ⅱ部　"いのち"のつながり

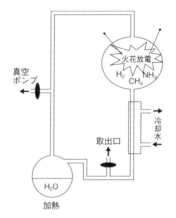

図 26 ●ミラーの実験の模式図

造した神秘的な不可解現象ではなく，自然現象として科学的に説明できる対象であるという重要な認識につながったという意味でも画期的な発見であると言えよう．

　さて，生命の誕生時の 38 億年前の細胞をどのように想像すればいいのだろうか？　今現在存在している細胞についての知識を，どこまで敷衍できるのだろうか？

　両者が同じということはありえないが，一旦できた細胞は次の細胞を作り出す能力をもっていなければならないという原則（細胞再生能）は，「細胞は細胞から」の原理が働くために必須なので，38 億年を隔ててもなお両者に共通するものがなければならない．

　日本が生んだ進化学の泰斗，大野乾さんは，一度細胞が誕生すれば，あとは細胞は細胞からの原理がはたらいて無限に連続でき

る，という原則を「一創造百盗作」と表現した．生命は最初の1回だけが創造，つまり無から有が生まれ，そのあとはすべて盗作という意味である．盗作というのは，細胞がコピーされることで，細胞から細胞へということに他ならない．

　最初の一つの細胞が本当にすべての生物の共通祖先になったのか．それとも38億年前に地球上の至るところで最初の細胞たちが出現し，それぞれが様々な原核細胞に発展し，様々な原核細胞から様々な真核細胞に進化したという多起原的な想定をすべきなのか．おそらく，細胞ではない何かから生じた最初の細胞たちは実は様々であったが，その中から選別され「いのちの場」を確立した細胞が，あらゆる細胞の共通祖先になったという考え方の方が合理的である．いったん多様な細胞が誕生し，選択され，共通祖先となる細胞が確立された，とする考え方である．

　最初の細胞としてどういう姿を想像するかについては諸説があるが，共通のイメージとしては，自立した細胞として備えていなければならない必須機能として，**代謝**と**複製**が挙げられる．細胞が細胞として機能し（代謝），同じ機能をもつ次の細胞をつくること（複製）ができたとき，今日につづく細胞が確立した，すなわち「いのちの場」としての細胞が細胞からつくられるようになったと言えよう．

　代謝の実質は，細胞を作っている有機高分子 - 有機低分子間の相互変換によって，エネルギーの生成と消費のバランス（動的平衡）を保つことである．一方複製の実質は，細胞内部の細胞構成物質をほぼ倍化し，それをほぼ均等に二等分することである．

192 第Ⅱ部 "いのち"のつながり

　いずれの機能も有機物の存在が不可欠であるが，有機物を提供してくれる生物（ここでは他の細胞）は存在しないので，あらゆる原料は非生物的につくられたものでなければならない．幸い，タンパク質の原料であるアミノ酸も，核酸の原料である塩基・糖・リン酸も，ミラーの実験の延長上で無機物から非生物的につくられることがわかっている．

　そこで問題となるのは最初の一つの細胞の代謝と複製を支えたのは，「タンパク質か核酸か」ということになる．現存細胞ではタンパク質が代謝を担い，DNA が複製を担っているが，生命の誕生時点では DNA は存在せず，もし核酸が必須であるとすれば，それは RNA であったはずだ．その根拠として，生体内で DNA が生合成される時，RNA の前駆体が使われることや，生体外で人工合成するときにも RNA の方がはるかに作りやすいことなどが挙げられる．したがって問題は，「最初の一つの細胞」の**代謝**と**複製**を支えたのは，「タンパク質か RNA か」ということになる．

RNA が先か，タンパク質が先か？

　現存の細胞では，下記の情報の流れが**セントラルドグマ**として確立されている．

$$DNA \Leftrightarrow DNA \Rightarrow RNA \Rightarrow タンパク質$$

DNA $\Leftrightarrow$ DNA は遺伝情報の"複製"，DNA $\Rightarrow$ RNA は遺伝情報の"転写"，RNA $\Rightarrow$ タンパク質は遺伝情報の"翻訳"である．

RNA ⇒ DNA の"逆転写"という流れもあるが，例外的な現象なのでここでは省略した．

　セントラルドグマのうち翻訳は，RNA（ひいては DNA）の 4 種類の塩基の配列を 20 種類のアミノ酸の配列に変換する作業であるが，連続した三つの塩基を特定のアミノ酸に対応させる遺伝暗号表が原核細胞にも真核細胞にも共通であることに，共通祖先となる細胞の存在が強く示唆される．塩基が 4 種類で，アミノ酸が 20 種類でなければならない必然性はなく，仮に 4 種類の塩基と 20 種類のアミノ酸を使うにしても，例えば AAG がリジンの，GGA がグリシンの暗号でなければならない必然性はないはずなのに，地球上のほぼすべての生物が共通の暗号を使っているのである．このような複雑な仕組みが，原核細胞で独立に何度も起きたと考えるよりも，たまたまそのような仕組みを確立した原核細胞が選択的に生き残り，ほぼそのまま真核細胞に引き継がれた，と考える方が合理的だろう．

　それにしても DNA・RNA・タンパク質から成る上記の仕組みが数十億年にわたって使い続けられているという不思議さは，どうだろう．長い進化史で様々なことが試され新機軸が次々に登場してきたにもかかわらず，「いのちの場」に見られるこの一貫性は，驚異的とも言える．地球上に生存する多種多様な生物を生みだした進化の過程は，変化がその根本的な原理であるのは当然だとしても，一方で変更を許さない保守性の原理が含まれるが故に，多様化は単一の起原細胞に由来するという図式が描けるのである．

　ところで，情報の流れは DNA からタンパク質に向かって一方

194 第Ⅱ部 "いのち"のつながり

的であり，DNAの指令がなければタンパク質を作ることができ
ないのに，DNAの複製も，DNAの指令の実行である転写・翻訳
も，タンパク質の助けがなければ実行できない．ニワトリ（鶏）
がいなければ鶏卵はないが，鶏卵がなければニワトリ（鶏）はい
ない，という関係にある．

　そこで問題になるのが，「セントラルドグマの図式はいつ，ど
のようにして成立したのか？」という疑問である．ここに示した
図式はいわゆる**DNAワールド**と呼ばれる現存生物の世界であっ
て，「いのちの場」として誕生した最初の細胞には当てはまらない．
だから誰もが，DNAワールドに先行して**RNAワールド**もしく
は**タンパク質ワールド**があったはず，と考える．

　問題は「RNAが先か，タンパク質が先か」という命題である．
言い換えれば「RNA ⇒ タンパク質」の図式が先行したのか，「タ
ンパク質 ⇒ RNA」の図式が先行したのか，という問いである．

　以前はこの問いは大論争を呼んでいたが，T. R. チェックの「ラ
イボザイム」（酵素作用をもつRNA）の発見以降，触媒作用をもつ
自己複製物質としてのRNAこそが，触媒作用のみで自己複製能
をもたないタンパク質に先行したはず，すなわち「RNA ⇒ タン
パク質」の図式が先行したというRNAワールド仮説が世界の趨
勢になっている．

コラム**❾**　　トム・チェックの講演
column

　1981年の夏，アメリカはロッキー山脈の北東部の町ララミーに
あるワイオミング大学のJ. スミス-ソネボーンさんに，隣の州の

第Ⅴ章 "いのち"の起原 195

コロラド大学のトム・チェックと名乗る若い人から電話があった．この夏にロッキー山中のピングレーパーク Pingree Park で繊毛虫の分子生物学の集会（1981 Ciliate Molecular Biology Meeting）を企画しているので参加を，との呼び掛けであった．当時スミス‐ソネボーンさんの研究室に滞在していた私も参加することにした（余談：スミス‐ソネボーンさんは T. M. ソネボーンさんの息子と結婚して，旧姓スミスを改姓した）．

ララミーから車で一走りの距離にある高原の爽やかな会場に，世界中から約 50 名が集まった．正味 2 日半，38 名の講演があり，私は聴くだけ．日本人の参加者は私だけだった．

プログラムを見て驚いたのは「繊毛虫と言えばゾウリムシ」の時代が去って，発表者の大多数がテトラヒメナを実験材料に使っていることだった．分子生物学の研究には，ゾウリムシに比べ小形で分裂速度が速く，短時間に大量の均質な実験材料が得られるテトラヒメナが選ばれる時代になったことを痛感した（注：後者の最大の利点としては，無性生殖を永続できる（つまり有性生殖をせず老化・寿命を示さない）遺伝的に安定な材料としてテトラヒメナ・ピリフォルミスが使えることを挙げるべきかもしれない）．

大会 2 日目の 8 月 18 日の夜のセッション（午後 7 時～ 10 時）の最終口演で，トム（正式名はトーマス）がテトラヒメナのリボソーム RNA のスプライシングの話をしたとき，会場からワオー！！と大きな感嘆の声が上がり，夜遅くまでざわめきが続いた．私は早口の英語シャワーの渦中でワオー！の意味がわからないままその日が終わってしまった．翌々日の会議終了まで，あちこちでトムの講演が話題になっていたので，参加者に解説をしてもらっておおよその内容を知ることができた．rRNA 前駆体が不要部分（イントロン）を切り取って最終的な長さの rRNA に仕上がる際（この過程をRNA スプライシングという），分子の切り出しという本来タンパク

質のやるべき酵素機能を rRNA 分子自らがやっている，ということであった．帰国後に自宅で彼の論文を読んで，一人でワオ！と大きな声を挙げたのを思い出す．

RNA が酵素作用をもつというトムの発見は世界的に知られるようになり，日本でも 1986 年 11 月に「遺伝子の発展」と題する国際シンポジウムが京都で開かれ，彼が招待された．11 月 26 日付の朝日新聞科学欄でのシンポジウムの紹介記事に，主催者に頼まれて私が描いたテトラヒメナの手書きの絵が掲載された．「新聞を見ましたよ．チェックさんの顔写真より，高木さんの名前の付いた絵の方が大きかったですね」と，友人から冷やかされた．

酵素作用をもつ RNA は**ライボザイム**と呼ばれるようになり，チェックさんはこの仕事で 1989 年にノーベル化学賞を受賞した．実はずっと後になって知ったのだが，8 月 18 日のあの夜のセッションの司会役を務めていたのは，テロメラーゼの発見で 2009 年にノーベル生理学医学賞を受賞した（45 頁参照）あの E. ブラックバーンさんであった．私が自慢するような話ではないが，嬉しがっている私がいる．

RNA ワールド仮説が世界の趨勢ということは，大多数の生命科学者がその説を支持しているということだが，私には不思議でならない．もし，「生命は複製系として出発したか，それとも代謝系として出発したか」と問われれば，私は躊躇なく「代謝系」と答えるであろう．原料を取り込んで自らの体（細胞構造体）をつくるという代謝系なくして複製はありえないと思うからだ．逆に代謝系があれば疑似的な複製は可能である．今ある構造体のほぼ倍量の構造体をつくり，ほぼ倍量化した構造体をくびり切って，

第Ⅴ章 "いのち"の起原 197

ほぼ等しく分配するという「倍化・分配」の代謝活動が起これば，原始的な意味での「複製」が実現する．つまり代謝は複製の役を務められるが，複製は代謝を代替できない．RNA は自己の触媒的切断とヌクレオチド数分子の結合というかたちで，ごく限られた代謝機能と複製機能をもつが，タンパク質の代謝能力にははるかに及ばない．問題はタンパク質が自己複製機能をもたないことだが，初期細胞で疑似的複製が起こるような条件があれば，問題なく「タンパク質ワールド仮説」を是とするだろう．

　まさにそのような形で**タンパク質ワールド仮説**を唱えているのが，奈良女子大学での僚友であった現名誉教授の池原健二さんである．一口に言えば，初期の細胞は，たった四つのアミノ酸から成るタンパク質ワールドで成り立っていたというもので，以下にその概要を紹介するが，詳細についてはぜひ氏の著書『GADV仮説——生命起源を問い直す』（池原，2006）をご覧いただきたい．

池原健二の GADV 仮説

　これから紹介しようとしている話は，とびっきり重要な，生物学の根幹に関わることであり，それだけにわくわくする面白い話であるが，困ったことに専門用語に惑わされて，折角の話を途中で投げ出しかねない懸念がある．

　本項表題の **GADV 仮説**を見て，それがアミノ酸の略号であるとわかる人はいても，G，A，D，V が順にグリシン，アラニン，アスパラギン酸，バリンの略号であると言える人は少ないのではなかろうか．

198 第Ⅱ部 "いのち"のつながり

アミノ酸は 20 種類，アルファベットは 26 文字なので，アミノ酸をアルファベットで表記すると 6 文字が余ることになる．使われない 6 文字は，B，J，O，U，X，Z である．残りの 20 文字が，スペルや発音が重なるアミノ酸に割り振られているのだから，暗記する他ない．A はアラニン (Ala) であるが，アスパラギン酸 (Asp) は D，アスパラギン (Asn) は N，アルギニン (Arg) は R である．G はグリシン (Gly) であるが，グルタミン酸 (Glu) は E，グルタミン (Gln) は Q である．T はトレオニン (Thr: スレオニン) であるが，トリプトファン (Trp) は W，チロシン (Tyr) は Y である．L はロイシン (Leu) でリジン (Lys) は K というのも厄介だ．残りの 8 アミノ酸だけが，C はシステイン (Cys)，F はフェニルアラニン (Phe)，H はヒスチジン (His)，I はイソロイシン (Ile)，M はメチオニン (Met)，P はプロリン (Pro)，S はセリン (Ser)，V はバリン (Val) で，何とか対応付けられる．

もう一つ厄介なことがある．それは DNA と RNA を構成する各塩基も 1 文字のアルファベットで示されるため，アミノ酸記号と重なってしまうことだ．DNA の 4 塩基はアデニン A，チミン T，グアニン G，シトシン C であり，RNA の 4 塩基はアデニン A，ウラシル U，グアニン G，シトシン C である．ウラシルの U 以外はすべてアミノ酸記号と重なってしまう．以下の記述では遺伝子は RNA の形でしか登場しないが，塩基はすべてゴシック体で表記し，アミノ酸の 1 文字記号はすべて［　］で囲うこととする．**A**（アデニン）と **G**（グアニン）と **C**（シトシン）は，［A］（アラニン）と［G］（グリシン）と［C］（システイン）とは別物だと読んでいただきたい．

第Ⅴ章 "いのち"の起原　199

　以上のお断りをした上で，いよいよ「池原 GADV 仮説」のエッセンスを紹介する．

　（1）初期地球で最初に無機物質から偶然の産物としてつくられたアミノ酸の中に，［G］［A］［D］［V］（順に，グリシン Gly，アラニン Ala，アスパラギン酸 Asp，バリン Val）の 4 種類が含まれていた．

　これら 4 アミノ酸は，構造が簡単でありながら，タンパク質が立体構造の形成能をもつ（水溶液中で球状構造をとり表面に凹凸をつくることができる）ための諸条件を備えている．すなわち，①疎水性／親水性度，②αヘリックス，③βシート，④ターン / コイルなどの二次構造形成能の値が，現存のタンパク質が平均的にもつ値から得られる適当な範囲に入っている必要があるが，［G］［A］［D］［V］は，①〜④の条件について現有の 20 種類のアミノ酸のうちでも上位を占める．例えば，疎水性度についてはバリン［V］が 5 位，αヘリックスについてはアラニン［A］が 3 位，βシートについてはバリン［V］が 1 位，ターンについてはグリシン［G］が 2 位，アスパラギン酸［D］が 3 位である．

　（2）わずか 4 種類のアミノ酸がランダムに結合するだけで球状のタンパク質ができ，それが実際に触媒活性を示すことができるということは，同じことが繰り返し反復すること（疑似複製）によって，実質的にタンパク質の複製が起こっていることになる．このことは実験的にも確かめられた．すなわち 4 アミノ酸［G］［A］［D］［V］の混合水溶液を塩化銅存在下で蒸発・乾涸を繰り返し，得られた［GADV］タンパク質（または［GADV］ペプチドの集合体）

200　第Ⅱ部 “いのち” のつながり

が，牛血清アルブミンのペプチド結合を切断する酵素活性（従って，その逆反応としての合成活性）をもつことを確認した．

　RNA ワールド先行論者の最大の論拠は「タンパク質には複製機能がない」ことである．GADV 仮説は，４アミノ酸のランダムな結合でも水溶性で球状の構造をとるため，同じような結果が繰り返しもたらされること（疑似複製）によって，実質的に「タンパク質の複製」が実現していることが注目される．

　［GADV］タンパク質世界では，それまでは偶然の産物として無機的につくられていたアミノ酸や，アデニン A，ウラシル U，グアニン G，シトシン C などの塩基，糖や脂肪酸やグリセリンなどが，不完全とは言え細胞膜に囲まれた閉鎖空間の中で，タンパク質の助けを借りてより効率的に合成できるようになる．やがて塩基・糖・リン酸からなるヌクレオチドや，その重合体である RNA もできるようになった．

　（３）４アミノ酸が，G で始まり C で終わる３連ヌクレオチド（GNC トリプレット：G はグアニン，N は４塩基のいずれか，C はシトシン）と立体構造的に結びつき，図 27 上図のような４種の「アミノ酸・GNC（GGC，GCC，GAC，GUC）複合体」が形成された．すなわちグリシン Gly［G］：GGC，アラニン Ala［A］：GCC，アスパラギン酸 Asp［D］：GAC，バリン Val［V］：GUC の遺伝暗号系が成立した．

　これら四つの「アミノ酸・GNC 複合体」のうち，隣り合う複合体内の GNC が互いに連結されることで，一本鎖 $(GNC)_n$RNA 型遺伝子が形成され，さらにその相補鎖が形成されることで二重

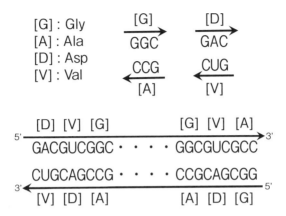

図27 ●四つのアミノ酸 [G] [A] [D] [V] が，Gで始まりCで終わる3塩基遺伝暗号を捕獲したとする池原GADV仮説の模式図

鎖 (**GNC**)$_n$RNA 型遺伝子が形成された（図27下図）．

二重鎖の (**GNC**)$_n$RNA 遺伝子は，二つの鎖（一方を「センス鎖」とか「コドン鎖」，もう一方を「アンチセンス鎖」とか「アンチコドン鎖」という）が逆方向に対合している．5'→3'に向かう両方の鎖は同じ (**GNC**)$_n$ と表記されるが，二つの鎖が指定するタンパク質はアミノ酸配列が異なる（図27の例では一方のアミノ酸配列は [DVG・・・GVA] なのに対し，もう一方は [GDA・・・ADV]）．

[GADV] タンパク質は，[G] [A] [D] [V] アミノ酸をほぼ4分の1ずつ含むとき，配列の如何にかかわらず機能を発揮するための前提となる球状構造をとりうることに注意されたい．すなわちこの遺伝子は，センス鎖からだけでなく，そのアンチセンス

202 第Ⅱ部 "いのち"のつながり

鎖からも，アミノ酸配列の異なるタンパク質をつくりだせる態勢
になっているのである．

（4）次にグルタミン酸 Glu ［E］が5番目のアミノ酸として登
場し，**GNG** コードを得て，これまでの（GNC）$_n$RNA 型遺伝子か
ら，（GNS）$_n$RNA 型遺伝子（**S**は**C**または**G**）へと進化し，5アミ
ノ酸から成る［GADVE］タンパク質世界へと進化した．これは
現在の遺伝暗号表（図16，110頁）の**G**に始まり**C**または**G**で終
わる欄に位置する5種のアミノ酸からなるタンパク質世界であ
る．

次の段階では遺伝暗号表の**C**に始まり**C**または**G**で終わる欄に
位置するロイシン［L］，プロリン［P］，ヒスチジン［H］，グル
タミン［Q］，アルギニン［R］の5種のアミノ酸が加わり，10ア
ミノ酸を使う（SNS）$_n$RNA 型遺伝子の世界へと進化した．

さらに遺伝暗号表の**A**で始まる6種類のアミノ酸，イソロイシ
ン［I］，メチオニン［M］，トレオニン［T］，アスパラギン［N］，
リジン［K］，セリン［S］と，**U**で始まる4種類のアミノ酸，フェ
ニルアラニン［F］，チロシン［Y］，システイン［C］，トリプトファ
ン［W］が加わり，現在の20種類のアミノ酸を使う
（NNN）$_n$DNA 型遺伝子の世界へと進化したと考える．

GADV 仮説の詳細な内容は，ここではとても紹介仕切れない．
以下に，（GNC）$_n$ →（GNS）$_n$ →（SNS）$_n$ →（NNN）$_n$ への普遍遺
伝暗号表の成立に至る過程に限って，私の質問と，それに対して
池原さんから直接教えていただいた回答（⇒ で表示）を五つだけ
挙げる．

① ［G］［A］［D］［V］の4アミノ酸は，最初に「存在した」アミノ酸なのか，それとも最初に「使用された」アミノ酸なのか？

⇒ 後者．ミラーの実験や類似の実験から，分子構造の簡単なセリン［S］やトレオニン［T］も合成されることが知られている．しかし仮に［V］の代わりに［S］が使われると，［V］がもつβシート構造形成能や疎水性が欠け，球状構造を取りにくくなり，触媒機能が劣る．［T］が使われた場合も，疎水性度が下がるため，球状構造をとりにくくなる．ランダムにつないでも，いくらかやわらかい表面構造をもち，水溶性で球状の構造を形成できるアミノ酸組成を「タンパク質の0次構造」というが，［GADV］の4アミノ酸タンパク質が，最も簡単でしかも優れた0次構造を作ることができるということで，選択的に「使われた」と考える．

② 5番目のアミノ酸がグルタミン酸［E］というのは，偶然かそれとも必然か？

⇒ 必然．［E］は，比較的構造が簡単なため合成されやすく，親水性でα-ヘリックスを形成するので，親水性でターン構造を形成しやすいアスパラギン酸［D］と補完し合うことで，触媒機能を発揮できる立体構造部位が表面化しやすくなる．一方［D］も［E］も親水性アミノ酸なので，重複し過ぎないように，［D］は GAC，［E］は GAG のように同じ GA で始まる暗号を分けもったと考える．

③ 5アミノ酸タンパク質の世界から20アミノ酸タンパク質の世界へは，順次新規アミノ酸を導入することにより，より触媒機能の高いタンパク質を生み出すことで進化したとするなら，将来

は40アミノ酸タンパク質世界へ，さらには普遍遺伝暗号表がカバーできる最大の61アミノ酸タンパク質世界へと移行するだろうか？

⇒ 地球上の現存生物のほぼすべてが20アミノ酸の普遍遺伝暗号表を使って，必要とする機能のすべてをまかなえるタンパク質を作り出していることからすると，40アミノ酸タンパク質の世界や，61アミノ酸タンパク質世界へ移行するとは考えられない．アミノ酸の種類としてだけなら60種類でも100種類でもありうるが，それが遺伝暗号表に採用されるかどうかは別問題だ．例えばミラーの実験で作り出される「2-アミノ酪酸」（側鎖としてエチル基をもつ）は，遺伝暗号表のメンバーになれなかった．ある種の現存微生物はセレノシステインやピロリジンなど暗号表にないアミノ酸を使うが，あくまでも特定生物の例外的使用である．その意味では，例外的に使われるさらに別のアミノ例がみつかる可能性はあるが，暗号表のアミノ酸が増えることは考えにくい．ただし，普遍遺伝暗号表が指定するアミノ酸とは違うアミノ酸を指定する事例は，ミトコンドリア遺伝子や繊毛虫の遺伝子など，若干存在する．その意味では普遍遺伝暗号表といえども絶対的なものではない．

④ いったん (GNC)$_n$ 遺伝子ができたあとも，アミノ酸同士が任意に重合する疑似複製が続いたのか，それとも遺伝子からの転写・翻訳によるタンパク質合成に変わったのか？　後者の場合，塩基のトリプレットと特定アミノ酸の対合やアミノ酸同士のペプチド結合は，tRNAやリボソームの関与なしに，どのように行わ

第Ⅴ章　"いのち"の起原　205

れたのか？

　⇒（GNC）$_n$遺伝子ができたあとは，極めて原始的ではあっても，その時点で存在していた［GADV］タンパク質を使って，転写・翻訳システムができていたと考えている．その概略は描いているが，詳細については検討課題として残されている．

　⑤（SNS）$_n$遺伝子世界では，突然変異による塩基の付加や欠失によるフレームシフトによって，（SNS）$_n$は（NSS）$_n$や（SSN）$_n$になって，該当するアミノ酸が不在のため，ナンセンスな遺伝子として捨ててしまわれる事態が頻繁に起こるのではないか？

　⇒「使い物にならないものは捨てられる」で何ら問題はない．なお，誤解のないように付け加えておくと，（NSS）$_n$も（SSN）$_n$も，その半分は（SSS）なので，フレームシフト変異が起こっても，半分は（SNS）$_n$遺伝子世界の枠内にいてナンセンスにはならない．

遺伝子の可能な暗号は無限にはない理由

　私の知る限り，『GADV仮説』（池原，2006；他に2002，2005，2016参照）は日本人科学者の手になる科学啓発書の中で，最もオリジナリティの高い書物の一つであると確信するが，ほとんど知られずに埋もれているのが残念でならない．

　原始地球に出現した最初の細胞世界は，グリシン・アラニン・アスパラギン酸・バリンからなる［GADV］タンパク質が「疑似複製」される世界であったとの，説得力ある根拠に基づいた大胆な仮説は，「タンパク質には複製機能がない」という「タンパク

質ワールド先行説」に対する批判を見事にかわしている.

　私の力量不足で，池原さんが本当に伝えたかったことが欠落していたり，微妙なエッセンスを伝えきれていないところが多々あるだろうことを恐れる．とくに，(GNC)$_n$遺伝子，(SNS)$_n$遺伝子のもつ GC-rich な配列のアンチセンス鎖から作り出されるタンパク質が，どれほど豊かな可能性を秘めているかの詳細な解析などは，ぜひ池原さんご本人の文献にあたっていただきたい.

　最後に，池原 GADV 仮説は私に「遺伝子の塩基配列はなぜ唯一・特異的なのか？」について，考察の手掛かりを与えてくれたことに触れておきたい.

　ヒトの遺伝子の総塩基数は約 30 億ほどで，タンパク質の種類は 2 万ほどとわかっている．2 万ほどのタンパク質は，どれをとっても特有のアミノ酸配列をもち，遺伝子はそれに対応する特有の塩基配列をもっている．先に見たように（図 17，117 頁），赤血球の β グロビンは 146 アミノ酸からなるタンパク質で，6 番目のグルタミン酸［E］がバリン［V］に変わるだけで鎌形赤血球貧血症という重篤な病気を引き起こした．原理的には 146 アミノ酸からなるタンパク質の種類は 20 の 146 乗（$\fallingdotseq 10^{190}$）通りありうる．そのうちの唯一の配列を，マラリア流行地での例外を除き（118頁），原則として「変わってはいけない配列」として，世界中のヒトが使っているのである.

　すでに紹介した A. ワグナーの『進化の謎を数学で解く』を読むと，無限の可能な塩基配列が遺伝子の図書館として細胞のどこ

かに隠されているかのような印象をもつが，たった（！）30億（3 ×10^9）塩基しかないゲノムの中に，10^190 通りのライブラリーの設置場所はありえない．遺伝子ごとに若干の変異はあるが，原則として唯一の配列しか使っていないのはなぜか，という問いこそが問われるべきではあるまいか？

　グリシン［G］，アラニン［A］，アスパラギン酸［D］，バリン［V］の4種のアミノ酸は，お互いに重合して数十アミノ酸の重合体（ポリペプチド）を作らないと十分な酵素作用を発揮できない．仮にアミノ酸50個ほどの重合体が必要だとすると，そのアミノ酸配列の種類は4の50乗＝10^30 通りと，すでに無限の領域に入る．もしそのどれかにしか有効な酵素作用がなければ，「疑似複製」は不可能だ．

　池原仮説の素晴らしさは，四つのアミノ酸がどのような配列をとろうと，ランダムにつながった［GADV］タンパク質は，柔らかく水溶性で球状の立体構造がとれることを見つけたことだろう．もちろん酵素作用としては現在の酵素には及ばないが，まだ有効なタンパク質触媒のない初期地球では，弱い活性でもあればそれが十分に有効な機能として働いたに違いない．

　無限にある［GADV］タンパク質のどれかが，たまたま (GNC)$_n$ 遺伝子として固定されると，転写・翻訳によって［GADV］タンパク質がつくられるようになり，遺伝暗号とタンパク質が「遺伝子と形質」という関係で結びつく世界になる．つまり"形質"としての優れたタンパク質が選択されると，そのアミノ酸配列を決める (GNC)$_n$ 遺伝子が保存され受け継がれることによって「進化

可能な系」が成立する．ある遺伝子としてある特定の塩基配列を
もつものが固定されると，他の可能な配列は実質的に再現不可能
となり，「唯一の遺伝子」だけが残ることになるだろう．そして残っ
た遺伝子だけが，"突然変異" と "自然淘汰（自然選択）" を通じ
ての進化を担うことになる．

　池原さんは $(GNC)_n$ 世界や $(SNS)_n$ 世界ではもちろん，現在の
$(NNN)_n$ 世界でもアンチセンス鎖からの新規遺伝子の誕生は続い
ているとお考えのようなので，それがワグナーの描いた無限とも
言えるタンパク質の図書館に相当するのかもしれない．

　しかし現実の遺伝子の大多数は，代替不可能な唯一の遺伝子と
して，無限に可能なアミノ酸配列の内の唯一のタンパク質を使っ
ている．池原 GADV 仮説が描く進化の道筋も，

① まず多様なアミノ酸配列をもつタンパク質が存在し，

② それが塩基配列に書き写されることで遺伝する情報とな
　り，

③ より優れた遺伝情報が選択的に生き延びることで，同じア
　ミノ酸配列をもつタンパク質が再生されるようになってい
　く．

というストーリーを示している．

　進化の過程で "自然淘汰" の対象になるのは "形質" であって
"遺伝子" ではない．選ばれた形質が，それを可能にしている遺
伝子を残すことに寄与するのであって，その逆ではない．このこ
とは，遺伝子の可能な暗号は無限にはなく，選ばれた唯一のもの

第 V 章 "いのち" の起原　209

が残っている現実をうまく説明してくれる.

　池原 GADV 仮説はこのように, セントラルドグマの成立過程は, セントラルドグマの逆向きの方向性をもつ, すなわち

　　　タンパク質 ⇒ RNA ⇒ DNA ⇔ DNA

であると明言することで, 「ニワトリ (鶏) が先か鶏卵が先か」の論争に終止符を打ったと私は思っている.

3 | 原核細胞から真核細胞へ

　生物世界の区分法は様々であるが, そのうちの 3 通りの区分法を図 28 に示した.

　私自身は, 地球上の全生物を大きく**原核生物**と**真核生物**に二大別する区分法と, 真核生物を**原生生物**, **植物**, **菌類**, **動物**の四つの界に分け, 原核生物を一つの界とみなす「五界説」に馴染んできた.

　しかし現在は, **真正細菌**, **古細菌**, **真核生物**と三大別する「三ドメイン説」が妥当とみなされている. ドメイン domain というのは界の上位分類群である.

　古細菌には, メタン生成細菌をはじめ, 塩湖に棲む高度好塩菌, pH 1〜3 という強度の酸性で 100℃以上の高熱環境に生育する高度好酸好熱菌など, 数百種が知られている. 塩水, 熱水, 火口, 深海など一般的な生物にとっては生存不可能な極限環境を生活場所とする彼らに, 「太古の」を意味する Archae (古細菌) という

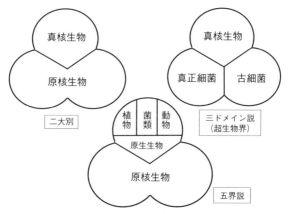

図 28 ● 生物世界の区分法

名称が与えられたときには、極めて原始的な生物というイメージだった。ところが、遺伝子塩基配列のより詳細な比較研究から、意外にも古細菌は、真正細菌と真核生物の中間に位置し、どちらかというと真核生物により近いことがわかってきた。

真核生物のゲノムは"代謝遺伝子"（エネルギー生成や細胞の基本的構成物質をつくる遺伝子）と"情報遺伝子"（複製、転写、翻訳などに関わる遺伝子）に大別できるが、代謝遺伝子は真正細菌（特にプロテオバクテリア）に、情報遺伝子は古細菌（特にメタン生成菌）に類似すること、それ以外の部位では、真核生物は真正細菌よりも古細菌との間で類似性が高いとのこと。

最近の研究によると古細菌の生息域は必ずしも特殊な環境だけとは限らないようで、今後の展開が注目される。

このような研究の現状を踏まえると、「原核生物から真核生物

第Ⅴ章 "いのち"の起原　211

への進化」と題した議論の場で，真正細菌と古細菌の関連性を無視することはできなくなっている．しかし未知要因の大きいことを考慮して，本書では大枠としての原核生物から真核生物への進化を問うこととする．

　それにはまず原核生物と真核生物の違いを把握すべきだろう．図28に示したように，原核生物＝真正細菌＋古細菌とみなして，原核生物の細胞である原核細胞と，真核生物の細胞である真核細胞を比較する．

原核細胞と真核細胞の違い

　原核細胞と真核細胞は，生物に関する他のどんな違いをも超えるほどに違っていて，原核細胞から真核細胞が生まれたということ自体が信じられないほどに落差があることにご注目いただきたい（表3）．急ぎ付け加えておくが，真核細胞が原核細胞から受け継いだ共通点として，"いのち"の根幹に関わる仕組み——遺伝暗号，複製・転写・翻訳の仕組み，解糖，酸化的リン酸化，ヌクレオチド合成系，等々——があることを忘れてはならない．

　1）原核細胞は核を持たない（無核）細胞，真核細胞は核をもつ（有核）細胞というのが，命名の根拠であった．真核細胞の核はDNAの収納場所であり，DNA分子はヒストンという名の球状タンパク質に巻き付いた構造（ヌクレオソーム）をとり，それがさらに捩れた高次構造になっているのが染色体である（それほどきっちりした構造ではないという説もある）．

212 第Ⅱ部 "いのち"のつながり

表3 ●原核細胞と真核細胞の特徴比較

原核細胞	真核細胞
無核（原核）　核様体	有核（真核）　　染色体（ヌクレオソーム：DNA＋ヒストン）
小型細胞（直径〜 1 μ）	大型細胞（直径〜 10 μ）
小型 DNA（〜 4.5×10⁶ bp）	大型 DNA（〜 3 ×10⁹ bp）
環状 DNA	線状 DNA
単一のレプリコン	多数のレプリコン
エキソン（のみ）	エキソンとイントロン
無	細胞小器官（ミトコンドリア，葉緑体 etc.）
無	細胞骨格，細胞内膜系
無	エンドサイトーシス，共生
70S リボソーム 50S / 30S	80S リボソーム 60S / 40S

　それに対し原核細胞の DNA は，特別な構造をもたない裸の分子として存在すると認識されていたが，電子顕微鏡レベルで核様体と名付けられる構造をもつことが観察されており，無核とは言い難くなっている．

　直径約 1 ミクロンの小型の原核細胞に比べ，直径約 10 ミクロンの真核細胞は，体積では 1,000 倍になる大型細胞である．細胞のサイズは変異幅が大きいので，個別の例外はあるが，大局的に見た違いとして細胞サイズの大きな違いは特筆に値する．

　原核細胞のゲノム塩基対（bp：base pair）の数は 100 万（10^6）のオーダーであるのに対し，真核細胞のそれは 10 億（10^9）のオーダーで，ほぼ 1,000 倍であるが，こちらも細胞間の変異が大きい．ゲノムサイズの大きなものは細胞サイズも大きいというおおまかな比例

第 V 章 "いのち" の起原　213

関係が認められる.

　2）表3の2段目の三つは遺伝子の比較で，原核細胞では環状
（端末がない）DNA として一点で細胞膜に付着しているのに対し，
真核細胞の遺伝子は線状（両末端をもつ）DNA としてヌクレオソー
ム・染色体構造をとることはすでに述べた.

　DNA が複製されるとき，原核細胞では1か所の複製開始点か
ら一挙に全 DNA が2倍になる. つまり DNA 全体が一つの "複
製単位"（レプリコン）になっている. それに対し真核細胞では
DNA が染色体に分断されていて，染色体ごとに多数の複製開始
点がある. つまり DNA は多数のレプリコンから成る.

　原核細胞では，DNA の遺伝子塩基配列は，原則として，全領
域が "コード領域" で，転写された mRNA は近くのリボソーム
でタンパク質に翻訳される. 一方，真核細胞の遺伝子は，タンパ
ク質を指令する "コード領域" の**エキソン**と，"非コード領域"
の**イントロン**とが交互に並んだ構造をとる. 転写によって最初に
できる RNA（一時転写産物）にはエキソンとイントロンが含まれ
ている. 一時転写産物の両端が修飾され，RNA スプライシング
と呼ばれる反応によりイントロンが除去される. 核で生まれた
mRNA は細胞質に運ばれ，リボソームでタンパク質に翻訳される.
RNA スプライシングの際，様々な部位のイントロンが切除され
ずに残ることがあるので，様々な mRNA が生じうる（**選択的スプ
ライシング**）.

　3）表3の3段目は，相互に関連性のある特徴である. ミトコ
ンドリアや葉緑体をもつことは，真核細胞の大きな特徴である.

一時，ミトコンドリアをもたない真核細胞の存在が言われたが，これにもミトコンドリアの変形と考えられる**ハイドロジェノソーム**と呼ばれる細胞器官があり，すべての真核細胞は，ミトコンドリアとハイドロジェノソームの共通祖先である「共生体」に由来したとする考え（水素仮説）が主流になっている（後述）．

共生が生じるためには**エンドサイトーシス**と呼ばれる細胞膜の陥入が必須で，陥入した細胞膜がネットワークを作っている状態が「細胞内膜系」の発達であり，それを可能にしたのが**細胞骨格**の獲得である（後述）．

4）核 DNA の遺伝子の情報は，mRNA に転写されたあと，核を出て細胞質に移動したのち翻訳されるが，その翻訳の場がリボソームである．原核細胞は 70S リボソーム，真核細胞は 80S リボソームをもつ．どちらのリボソームも，大小二つのサブユニットから成り，70S リボソームは 50S と 30S の，80S リボソームは 60S と 40S のサブユニットから成る（図29）．

S というのは，超遠心下で生体高分子が沈降する速度を表す沈降係数（Sedimentation coefficient）と呼ばれる単位で，分子の大きさや形状の違いを反映する．S の大小は足し算・引き算で表される値ではないことに注意．

大小のサブユニットを構成する分子は複数のタンパク質と複数の rRNA である．

メタン生成細菌で，rRNA の一つである 16S rRNA が，真正細菌とも真核細胞とも類似しないことが，古細菌という分類群を創設する契機になった．

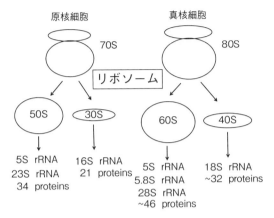

図 29 ● 原核細胞と真核細胞のリボソーム

　表3には記さなかったが，古細菌に言及したついでに，以下の点を追記しておく．

　すべての細胞は細胞膜を有するが，原核細胞はその外側に強固な細胞壁をもつのに対し，真核細胞の細胞膜は通常は裸の状態にある．真核細胞でも植物や菌類は細胞壁をもつが，その組成は様々である．植物細胞壁の主成分は専らセルロースから成る各種多糖類が絡まり合った構造であるのに対し，真正細菌の細胞壁はN-アセチルグルコサミンとN-アセチルムラミン酸から成る多糖類に，短いペプチド鎖がついて巨大なペプチドグリカン層（ムレイン）を形成する．古細菌は細胞壁の構造の上だけでなく，細胞膜のリン脂質構造でも，真正細菌とも真核生物とも異なっているのだ．

216　第Ⅱ部　"いのち"のつながり

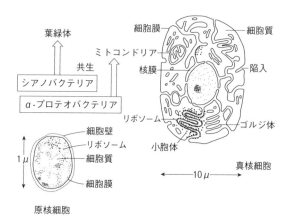

図30●原核細胞と真核細胞の横断面の模式図

　図30は，原核細胞と真核細胞の違いを，視覚的に表したものである．

　真核細胞が圧倒的に複雑な構造をもつことは一目瞭然である．しかしこの図をここに挿入した意図は真核細胞の複雑さを強調するためではなく，その複雑さが専ら細胞膜の陥入（エンドサイトーシス）によって生じた構造，すなわち**細胞内膜系**の発達によるという単純さを強調するためである．

　真核細胞には核があり，ミトコンドリアをもつという特徴も，図30や後の図32に見るように，細胞膜の陥入による核膜で取り込まれた領域が**核**であり，細胞膜の陥入によってαプロテオバクテリアという原核細胞を取り込んだのが**ミトコンドリア**であると考えると納得できる．原核細胞が大きくなり，細胞膜の陥入（エンドサイトーシス）さえできれば，真核細胞化はさほど難しくな

さそうだ，と思えるのである．

　ただ厄介なのは図30には表現できなかったリボソームの違い
である．原核細胞が大型化して細胞内膜系を発達させるようにな
るというのは，可能な連続的な変化として思い描くことができる．
しかし図29に示したリボソームの不連続な変化は，世界中の誰
もが説明できない謎として残されたままである．

真核細胞化の共生説

　真核細胞は今から約20億年前に出現したとみなされている．
ということは，それまでの約18億年間は原核細胞のみの世界だっ
た．

　原核細胞の**真核細胞化**について，「リボソームの謎」は残って
いるが，多くの研究者に支持されている仮説がある．図20（135
頁）でみたように，エネルギー生産装置であるミトコンドリアの
重要性にかんがみて，ミトコンドリアの獲得こそが真核細胞化の
要因であることに注目した仮説である．1998年に W. マーチンと
M. ミュラーが発表した**水素仮説**についての紹介から始めよう（図
31）．

　彼らは2種類の細菌が嫌気的な環境で接近する状況を想定し
た．一方の細菌（図31a左側）は，有機物（ブドウ糖など）を原料
として，好気的な環境では呼吸により二酸化炭素 CO_2 と水 H_2O
を排出し，嫌気的な環境では発酵により水素 H_2 と二酸化炭素
CO_2 と酢酸 CH_3COOH を排出する真正細菌（αプロテオバクテリア）
が想定されている．

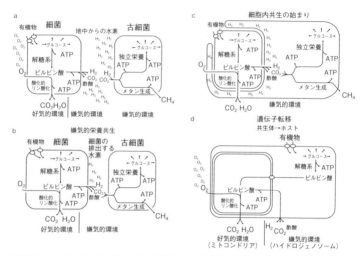

図31 ● Martin W. & Müller M. (1998) の真核細胞の出現を説明する水素仮説 (河野, 1999 による)

 もう一方は古細菌（図31aの右側）で，酢酸のメチル基からメタン CH_4 を生成する嫌気的なメタン生成細菌が想定されている．

 嫌気的な環境で両者が接近すると，前者の廃棄物（水素 H_2，二酸化炭素 CO_2，酢酸 CH_3COOH）は後者にとっての資源になる（図31b）．両者の近接度が高まるほど利用効率は高まり（図31c），前者が後者を完全に取り込み，共生体とするに至った（図31d）という仮説だ．

 マーチン&ミュラーの図31は，実際にこのような変化が起こったと思わせる説得力をもつだけでなく，いったん共生体が出現した後，好気的環境では**ミトコンドリア**となり，嫌気的環境では**ハイドロジェノソーム**になったという合理的説明ができる（図

第Ⅴ章 "いのち"の起原 219

31d). さらには，真核細胞の遺伝子が，真正細菌（αプロテオバクテリア）に類似の**代謝遺伝子**と，古細菌（メタン生成細菌）に類似の**情報遺伝子**とを合わせもつという理由の説明にもなる．

　そう言えばメタン生成菌は，38億年前の生命誕生の直前まで続いていたとされる全地球の氷結状態を解除し，生物の繁栄する地球に変えた立役者だった．生成されたメタン CH_4 は二酸化炭素 CO_2 に変わり（$CH_4 + H_2O \rightarrow CO + 3H_2$, $CO + H_2O \rightarrow CO_2 + H_2$），大量に放出された CO_2 が地球温暖化を促すことで地球の凍結状態を解除し，さらにはその CO_2 をシアノバクテリアが使って光合成により酸素 O_2 を生成し，大気中の酸素濃度を現在の20％レベルに引き上げ，呼吸をする生物の舞台を整えたのであった．共生のホストとして真核細胞化を担うに相応しいではないか．

　ミトコンドリアと色素体という真核細胞の細胞小器官（オルガネラ）が，かつては自由生活していた細菌の共生に由来するとの仮説は，1970年代に L. マーギュリスによって提唱されていた．遺伝学の発達により，共生体の遺伝子の多くが宿主の核遺伝子に存在していることや，残った一部の共生体遺伝子と似た遺伝子をもつ細菌がみつかったことにより，オルガネラの起原についての共生仮説は，今や定説として世界の常識となっている．ただ，共生による「ミトコンドリアの起原」の説明が，そのまま「真核細胞の起原」の説明になるかどうかについては疑問が残った．

　共生が成立するには，宿主となる細菌が細胞膜を拡張させて相手細胞を囲い込み内部に取り込むという過程（エンドサイトーシ

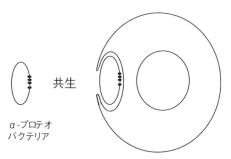

図32 ●共生によるミトコンドリアの起原模式図

ス）が必須である．それには宿主細胞が共生体よりもはるかに大きなサイズであること，固い細胞壁を捨てて細胞膜が自由に変形でき共生体を取り込むという動きができること，などが必要である（図32）．

ところが，大型細胞であることと細胞の変形，とくに固形物の取り込み機能には，細胞の構造を内部から支え，細胞膜を変形することのできる**細胞骨格**をつくるタンパク質（アクチン，チューブリン等）の存在が不可欠であるが，そうした特性は真核細胞に限られている．

とすると，水素仮説は真核細胞の起原を説明するのに，真核細胞の存在を前提にしていることになる．したがって水素仮説が描く細胞共生は，真核細胞の出現後に起きた出来事であり，図31のｂとｃの間に，まずは古細菌の真核細胞化が起こっていなければならない．真核細胞を出現させた要因が何であるかを知るには，共生を成立させた要因を問う必要がある．

共生と真核細胞化の前後関係

　この問題は，1997年にはすでに J. メイナード・スミスと E. サトマーリによって提起されていた（『進化する階層』）．彼らは真核細胞の誕生には，細胞の自由な変形を邪魔する細胞壁を捨て，自由な変形を可能にする細胞骨格をもつ，というステップがあったはずと考えた．「細胞壁の喪失」と「細胞骨格の獲得」は「食作用（エンドサイトーシス）の出現」とも言い換えられる．彼らは餌として食べた細菌が消化されずに生き残ったのが共生体と見た．

　実際，食作用によって取り込まれた細胞が消化を免れる例として，ゾウリムシの一種ミドリゾウリムシ *P. bursaria* の細胞質に共生しているクロレラを，一旦完全に取り除いたあと，改めて餌として食胞から取り込まれたものの一部が消化を免れて増殖し，再度共生できることが知られている（Fujishima, 2009）．

　ゾウリムシに限らず，様々な真核細胞で，何らかの形で取り込んだ細菌や藻類が，共生体化する現象は現在でも頻繁に起こっている．

　共生という現象への注目が年と共に高まっていく風潮の中で，ミトコンドリアの共生によるエネルギーの保証こそが，真核生物の出現にとってだけでなく，有性生殖や死の起原にとっても決定的だったとする強力な議論を展開しているのが，N. レーンの『生命，エネルギー，進化』（2016）である．生命現象の統一的全体像を描こうとする彼の努力に敬意を表し，彼の議論の骨子を称賛しているが，納得できないところもある．

その一つは「古細菌は古細菌のママで共生のホストとなった」のであって、「古細菌が大型細胞化して初期真核細胞になってから共生のホストとなった」のではない，との彼の主張に対してである．彼の主張の根拠は，（私のような）後者の考え方では，大型化した細胞（巨大化古細菌）に必要なエネルギー供給の課題を，ミトコンドリアの存在しない状態で切り抜けることはできない，ということにある．

彼は初期真核細胞（巨大化古細菌）のサイズを，現存の単細胞真核生物の平均的なサイズから計算して，原核細胞よりも半径（r）で25倍，表面積（r²）で約600倍，体積（r³）で約15,000倍に大型化した細胞とみなしている．このような巨大化古細菌を，古細菌のゲノムでやりくりすることはできないという．

しかし本当にそのような巨大細菌を考えなければならないのだろうか．古細菌が大型細胞化した初期真核細胞は，真正細菌を取り込むのに必要な能力と，取り込んだ細菌を収容するのに十分なサイズがあればよい．例えばゲノムの大型化によりエンドサイトーシスを可能にする遺伝子を獲得し，細胞の半径が2倍になれば，表面積は4倍，体積は8倍になり，それで真正細菌を収容するのに十分だろう．仮に半径がほんの1.6倍ほど大きくなるだけでも，表面積にして約2.6倍，体積にして約4.1倍になり，それでも共生可能な初期真核細胞（巨大化古細菌）たりうるだろう．一旦共生が成立しミトコンドリアを手にしてしまえば，さらに大型化し，レーンの言うように現在の様々な真核生物への進化を可能にしたことだろう．

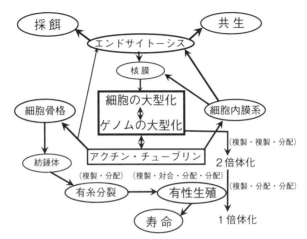

図33 ●原核細胞の真核細胞化を促した諸要因の連鎖

　原核細胞が共生のホストとなりうる実例として，細菌が細菌を取り込んでいると見られる現存生物の事例を挙げているが，ミトコンドリアを失った真核細胞が存在するように，実際にはホストの真核細胞が退化的に細菌の様相を示しているに過ぎないのではなかろうか．

　細胞壁を喪失し，細胞骨格を獲得し，共生を可能にするには，アクチン，チューブリンなどの新規タンパク質が必要であり，それにはまず「ゲノムとそれに伴う細胞の大型化」が起こっていなければならない．私は**ゲノムの大型化**とそれに伴う**細胞の大型化**こそが，**真核細胞化**の第一義的な誘因だったと考えている（図33）．

224 第Ⅱ部 "いのち"のつながり

　ゲノムの大型化は，ゲノム全体の重複，特定遺伝子の重複など
が繰り返されることによって起こったに違いない．遺伝子が重複
すると，一方の遺伝子が本来の機能を担えるため，他方の遺伝子
は様々な突然変異を受容でき，多様な環境に適応できる可能性が
増える．真核細胞の約20億年の歴史で，何億年（または何千万年，
または何百万年）に1回の割合で，次のような全ゲノム重複（⇒）
や遺伝子重複（→）が連続的に起こったと仮定すれば，ゲノムサ
イズを1から1,000に増やすことができるが，これはあくまでも
仮定の話である．

$1 \Rightarrow 2 \Rightarrow 4 \Rightarrow 8 \to 10 \to 15 \to 20 \to 30 \to 40 \to 50 \to 60 \to 70$
$\to 80 \to 90 \to 100 \Rightarrow 200 \Rightarrow 400 \to 450 \to 500 \Rightarrow 1,000$

　実はアクチン，チューブリンの両遺伝子は，真核細胞化に伴う
偶然の突然変異産物として全く新規に登場したわけではない．原
核生物には，アクチン類似遺伝子の*ftsA*，チューブリン類似遺伝
子の*ftsZ*がすでに存在している．これらの遺伝子は，元をたどる
とバクテリアの細胞分裂の際，正常にくびれ切れないために細胞
が線状に連なる温度感受性の突然変異体（filamentous temperature
sensitive A–Z）として，広田幸敬さんによって1870年代に分離さ
れていた．約20年後にそれぞれがアクチン遺伝子とチューブリ
ン遺伝子の前駆体であることが判明したのだった（黒岩，2000）．

　これら先駆遺伝子が存在したことによって，真核細胞化に伴っ
てアクチン遺伝子・チューブリン遺伝子に比較的容易に変わりえ
ただけでなく，アクチンと協働するミオシンやトロポニン，チュー
ブリンと協働するダイニンや様々な微小管結合タンパク質などの

登場によって，真核細胞化の複雑な機能が一挙に進行したと思われる．

アクチン，チューブリンに代表される真核細胞に特有のタンパク質は，ゲノムの大型化に伴って起こる大型化した細胞を内部から構造的に支えることができる細胞骨格としての機能をもち，鞭毛運動・繊毛運動や細胞内輸送系としての機能も担うようになった．

アクチン，チューブリンの決定的とも言える貢献は，エンドサイトーシス（細胞膜の陥入）を可能にしたことだろう．それにより細胞内膜系の発達を促し，細胞が大型化し直径が10倍になると，体積が1,000倍になるが，表面積は100倍にしかならないことによる外界との接触面積の不足を解消した．核膜をつくって大型化したゲノムを安全に収容する核をつくることもできた．

もっと重要な貢献は，固形物を細胞内部に取り込む食作用（エンドサイトーシス）によって採餌や共生が可能になったことだろう．原核細胞のみの世界では，原核細胞がいくら沢山周りに居ても，お互いに競争相手ではあっても直接的な「食う・食われる」の関係ではなかった．事故によって死体になった他の原核細胞に近づくか，化学物質によって近くの原核細胞を殺したあと，細胞壁の外側に消化酵素を分泌して低分子に分解したあと吸収する必要があった．

真核細胞にとって，原核細胞を餌として取り込み，細胞内で消化吸収して利用できるようになったというのは，実に画期的なことだったと言えよう．

そのためには，食胞のような構造をつくり，様々な消化酵素な

どを備える必要があるが，完全に消化せず共生の道を残したことで，真核細胞の細胞器官としてミトコンドリアや葉緑体を備える道を開いたのである．食糧問題の解消と同時に，共生という新たな生存戦略を開発した初期真核細胞のしたたかさはどうだろう．

アクチン，チューブリンの貢献はさらにある．紡錘体などの有糸分裂装置・減数分裂装置の獲得を経て，有性生殖機構の発達を促したことである．

もともと原核細胞は，原則的にゲノムを一つしか持たない1倍体だったのが，ゲノムが大型化することにより複製に時間がかかり，突然変異を受けやすくなった．その「安全対策」として「2倍体化」を起こし，1倍体と2倍体を繰り返すことが，突然変異の有用性を検証することにつながった．これが"有性生殖"の起原となり，"有性生殖"が"寿命"をもたらした，という私の仮説については先に紹介した（169頁）．

暴走的原核細胞が，なぜ真核細胞と共存できたのか？

さて，αプロテオバクテリアが初期真核細胞に取り込まれ，共生体としてミトコンドリアが誕生したというストーリーを知ったとき，不思議に思ったことがある．

それはあの暴走細胞であるはずの——餌さえあれば2日間で地球サイズの丼を食い尽してしまえる——原核細胞が，なぜ共生体として大人しく納まっているのか，という疑問であった．真核細胞の細胞内は，バクテリアからすると餌のたっぷりある環境で，そんな場所に暴走細胞を同居させたのでは，瞬く間に食い尽され

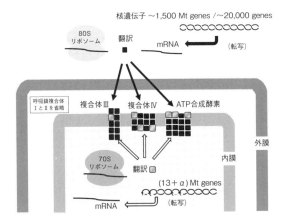

図34 ●ミトコンドリアの呼吸鎖複合体を構築する起原の異なる遺伝子群の翻訳段階での協調. 図中のMt：ミトコンドリア（Couvillion 他, 2016を基に高木作成）.

てしまわないだろうか？

　暴走できないように宿主側がコントロールしている，というのが答えのようだとは気づいていたが，宿主とミトコンドリアとが，図34に示したほどに，お互いに協力し合っていることを知ったのは最近のことだ．

　図34の下部はミトコンドリアの部分拡大図で，もともと自分の細胞膜であった内膜と，取り込まれた時の宿主の細胞膜であった外膜の二重膜で囲まれている．

　すでに図19で見たように，内膜の表面には呼吸鎖複合体ⅠからⅣまでと，ATP合成酵素があるが，これらはそれぞれが，タンパク質を寄せ集めた複合体である．

　黒色で示したタンパク質は，宿主の転写産物からつくられ，灰

色で示したタンパク質はミトコンドリア遺伝子の転写産物からつくられる.

最近の論文（Couvillion ら, 2016）によると, これらのタンパク質の生成は, 転写段階まではバラバラに起こっているが, 翻訳段階では, 宿主細胞質での 80S リボソームでの翻訳とミトコンドリアでの 70S リボソームでの翻訳が, まるで申し合わせたかのように同調的に起こっているという.

ミトコンドリアの遺伝子は（13＋α）と書いてあるが, この 13 という数字は, 複合体を作るタンパク質のうち灰色で示したタンパク質を作るために必要な遺伝子の数で, その他に 70S リボソームで働いている 2 種類の RNA, すなわち rRNA と tRNA を作るための遺伝子が若干（＋α）ある. ミトコンドリアが α プロテオバクテリアとして独立生活していたときには, これらの複合体タンパク質と, 分裂に必要なタンパク質など, 合計 1,500 個ほどは, すべて自前の遺伝子で賄っていたはずだ.

それらの遺伝子はどこに行ったのかというと, 取り上げられたのか献上したのかはわからないが, 1,500 個ほどのほぼすべてが, ヒトの核にある約 2 万個の遺伝子の内の一部になっていて, 手元にはわずか 13＋α の遺伝子しか残っていない.

という次第で, 「暴走細胞とどうやって同居できたのか？」という答えは, もうおわかりのように, ミトコンドリア遺伝子を「取り上げて」と言うべきか「預かって」と言うべきかはわからないが, 自力では生きられないように完全に宿主細胞に制御されていて, ミトコンドリアは実質的に宿主と協調して生きているから, ということになる. 反乱を起こそうにも手立てがないというのが

第Ⅴ章 "いのち"の起原 229

実態のようだ.

第Ⅲ部 「老死」の進化

　これまでは専ら，受精卵から成熟個体に，さらに"老死"に至るヒトの個体の一生を中心に，細胞の系譜を"いのち"の誕生にまで遡って考えてきた．第Ⅲ部では，これまでの内容を総合して，生物の歴史における"老死"の進化について考える．

　我々は老死という言葉に，できることなら回避したいという否定的なイメージを抱きがちだが，老死で終わる"いのち"のあり方は，生命38億年の進化の産物であるということを噛み締めたい．

　生命の基本形であった 2^n 世界に象徴される暴走性の世界が，抑制系の進化により，老死を介してつながる調和のとれた新しい"いのち"の世界を生み出したのである．

第VI章 | *Chapter VI*

有性生殖と老・死

「進化したのは抑制系である」という認識は,「いのちの基本形は暴走性である」という認識が前提になければ生まれない.前提となったその認識は,"いのち"の場が細胞であり,その細胞は基本的に2^nで増えるという,ごく当り前の常識的事実を直視したことに発している.

ヒトの体は約60兆個の細胞からできているが,60兆個の細胞は均一でない.

しかしDNAレベルで見ると,60兆個のほぼすべての細胞は,同じ塩基配列の約30億塩基対から成る.2^nの細胞分裂とは,同じものが二つ生じる分裂様式であり,それを保証しているのは「DNAの半保存的複製」である.二分裂で生まれた二つの細胞は,遺伝子レベルでは同質であるのに,機能的には異質でありうるということだ.

細胞分化というのは,どの遺伝子を働かせ,どの遺伝子を休ませるかという調整によって,同じ遺伝子型で表現型を変えられることだとわかる.これは遺伝子機能の抑制機構の一つだと言える.

ヒトはヒトサイズで留まり,多少のばらつきはあってもネズミサイズのヒトも,ゾウサイズのヒトも,絶対にいない.細胞分裂

234 第Ⅲ部 「老死」の進化

で言えば簡単なことであるのに，ネズミサイズもゾウサイズも，ヒトでは「禁止」されているのである．このことからも，ヒトの個体発生は抑制系であることがわかる．

ヒト正常細胞を栄養豊富な環境で培養を続けると，50〜60回は分裂するが，100回を超えて分裂することはない．しかしガン化した異常細胞は何百回でも分裂を続けられる．ガン細胞は，正常な抑制機能が解除された細胞であることを示唆する．

ヒト受精卵は個体発生過程でソーマ（体細胞）とジャーム（生殖細胞）に細胞を選別し，ソーマは約60兆個の細胞数を維持しながら，その生存可能性に抑制をかけて，不可逆的に"老死"に向かう．ところがジャームは，減数分裂と受精から成る有性生殖過程を経て受精卵をつくることにより抑制を解除し，細胞分裂（無性生殖）を再開する．同じ抑制解除でも，ガンの形成と受精卵の形成との違いを考えると，抑制機構と抑制解除機構の複雑さを思わせずにはおかない．

無性生殖は細胞分裂の継続であり，それは遺伝子型の継続に他ならないが，有性生殖は遺伝子型を大規模に変換できる．

有性生殖は受精卵の無性生殖に「分裂限界」という制限を課し，同時にリセットの命令を出していることになる．残念ながら，有性生殖による老死のセットと若返りのリセットの仕組みはわかっていない．この仕組みを多少なりとも模倣できるのがiPS細胞である．

本章では，生命が38億年の進化史をもつということの意味を再確認しながら，今も「無性生殖」のみで生きる原核生物との対

第Ⅵ章　有性生殖と老・死　235

比で,「有性生殖」を取り入れた真核生物の生き方について考える.
それは, 無性生殖だけを繰り返していた原核細胞から, 有性生殖
で中断されながら無性生殖を継続するという真核細胞の"いのち"
のあり方への変化が, なぜ, どのように起こったのかを考察する
ことにより, 抑制系について考えることにつながるだろう.

1 進化するとはどういうことか?

　原核細胞は38億年前に誕生し, 真核細胞は20億年前に登場し
た. 真核細胞は原核細胞から生まれ, 登場後20億年間に, 原生
生物・植物・菌類・動物など四つの界の生物群に進化した. しか
し原核細胞は, 今も地球上いたるところで原核生物として生きて
いる.

　現生の原核細胞は「進化」したと言えるのだろうか?　原核細
胞から真核細胞へと進化した生物群と, 原核細胞のままで進化し
なかった生物群がいるということなのか.

　進化するとはどういうことか.

『種の起原』には「進化」という言葉は使われていない

　進化論といえばC. R. ダーウィン, ダーウィンといえば『種の
起原』を連想するが,「進化 evolution」という語は, 筆者の手許
にある『種の起原』の少なくとも第2版では全く使われていない.
全文の最後は「evolved」で終わるが, その意味は「生まれる」と

236　第Ⅲ部　「老死」の進化

訳す方が適切な使われ方だ．最後の文章を引用してみよう．

> There is grandeur in this view of life, with its several powers, having been originally breathed by the Creator into a few forms or into one; and that, whilst this planet has gone cycling on according to the fixed law of gravity, from so simple a beginning endless forms most beautiful and most wonderful have been, and are being, evolved.
>
> （筆者訳：この生命観には荘厳なものがある．そもそもの始めには，いくつかの，もしくはたった一つの"いのち"が，創造主によりなんらかの力で吹き込まれたとしても，この地球が確固たる重力の法則に従って回転し続けてきた間中，極めて単純な最初の"いのち"から，かくも美しくかくも素晴らしい生物が生まれ続け，今も生まれつつあると見る生命観である．）

　『種の起原』は種の多様性の起原についての議論であって，「生命の起原」についてはどんな主張もしていない．ダーウィンは，今日見る多種多様な「種」は，神の創造とは全く無関係であるとの確固たる主張をしているが，最初の生命の誕生については，創造主によるかもしれない可能性を必ずしも否定してはいないのである．彼がそれを認めているとは思えないが，わからないことはわからないで済ませたということだろう．

　『種の起原』の長い議論の中で，ダーウィンは当時の常識となっていた「（創造主による）創造の理論」を正面に据えた上で，もしそれが本当ならこれはどう説明するか，あれはどう考えたらよいのかと，あれやこれやの様々について考え抜いた末に，「自然淘汰（自然選択）による変化を伴う継承（由来）の理論（the theory of descent with modification through natural selection)」を確立したのである．場所によっては短く「変化を伴う継承（由来）の理論」または単に「継承（由来）の理論」と表現されているが，「進化の理論」という表現はどこにもない．

　種は変化する．現在の種は未来に向かって変化しながら継承されて別種（別属，別科，別目・・・）となり，今別種とされている種は，その由来を過去に遡れば共通の祖先にたどり着く．生物は（最初の生命だけは神の手になったとしても），個別に創造された生命がそのまま続いてきた不変の存在ではなく，共通の祖先に由来する変化の産物である．未来へ継承され，過去に由来する変化の原動力が自然淘汰である．

　ダーウィンが『種の起原』を執筆した当時には，遺伝の法則は知られていず，遺伝子の概念も，突然変異の概念もなかった．現代風に言えば，突然変異した遺伝子の変化が，タンパク質の変化として表現型の変化をもたらし，その変化が，生活環境に「より適応」したものかどうかにより，自然淘汰を受けて生き残ることもあれば絶滅に至ることもある．現状とほとんど変わらないような変化もあれば，特殊化しただけの変化や，高度化といえる変化もあるだろう．ダーウィンの「継承（由来）の理論」は，変化の実態は「進化」というよりは「多様化」であることを意味している．このようなダーウィンの洞察力，先見の明は今も新鮮かつ荘厳なものであり続けている．

238 第Ⅲ部 「老死」の進化

コラム❿
俳句の世界から散文の世界へ
column

　進化とは，遺伝子の変化を伴いながら，細胞から細胞へ，"いのち"が伝わっていくことである．現生の原核生物は，38億年前の原核細胞から突然変異を繰り返して進化したことに間違いはないが，今も原核細胞のままでいる．進化という表現には，どうしても複雑化・高度化のイメージが伴うので，38億年間原核細胞のままというのは，進化し損なった生物のように思えてしまう．現実にはこの間に膨大な多様化という形での進化を遂げている．

　以下，まことに幼稚ではあるが，変化が進化であることを示す試みを行ってみた．

　遺伝子DNAはアデニン（A），チミン（T），グアニン（G），シトシン（C）の4塩基の並びであり，いわば4文字で書かれた文章のようなものである．原核細胞と真核細胞の根本的な差異はゲノムサイズ，細胞サイズの大きさの違いにあるという観点から言えば，短文で"いのち"を表現したのが原核細胞で，使用文字量をどんどん広げていったのが真核細胞ではなかったかと想定した．

　ここでは，原核細胞は10字以下の文字からなる短文に始まり，俳句の世界に至るあたりまで使用文字を増やした生物群とみなし，真核細胞は使用文字数に制約されることなく自由に文章を書いた生物群とみなすことにする．

　俳句は，わずか17字に制約されてはいるが，ありとあらゆることを表現できる多様性に富んだ世界である．文字数に制約のない散文の世界でも，詩，随筆，論文，小説などのジャンルの違いがあるが，これは真核生物の世界での原生生物，菌類，植物，動物などの違いに相当するとみなす．

　原核細胞の進化を，10字以下の文字使用に始まるとみなしたこ

第VI章 有性生殖と老・死　239

とを受けて「桜が咲いた」という文を進化させてみよう.

　「桜が咲いた」は7文字からなる意味のある独立文で, この原核細胞に突然変異が起こると, 文としての意味を保持しているかどうかが"自然淘汰（自然選択)"によって検証され, 意味のある文なら生き残り, 意味のない文なら捨てられるだろう. 例えば1文字が変化して「桜は咲いた」,「桜も咲いた」,「桜木咲いた」となっても, 文としての意味を保持できている.

　1文字が増えて「夜桜が咲いた」と変化してもよいし, 以前の変化にさらに1文字追加して「桜は咲いたか」,「桜も咲いたよ」という変化や, やや規模の大きな「桜よくも咲いた」(10字)とか「夜桜がよくも咲いたよ」(12字)なども生き残るだろう. 生き残った文は近縁の原核細胞とみなそう.

　では,「桜葉が咲いた」とか「桜に咲いた」という文はどうだろうか.「葉」が咲くとは言わないし, 別の花が「桜に」咲くことはないから, 不適切な文として自然淘汰で捨てられるかもしれない. しかし, 進化した原核細胞の中に,「桜葉が咲いたがごとき風情なり」(17字)とか「新緑は桜に咲いた別の花」(17字)といった文例が見つかれば, あの文は生き残ったのだと, 後になってわかるということもあるだろう.

　同じような変化は全く別の短文, 例えば「海は青い」とか「空は広い」を元に, さまざまな形の17字の文として生存しているのが原核生物の世界と言えよう. 小型DNAをもつ原核細胞の世界は, 俳句が驚くほど複雑で広範な風景描写, 状況描写が可能であるように, ゲノムサイズが極端に制約されていても, 多様な生物世界を実現しうるということだ.

　もし生き残った文例として「花が散って新緑に覆われた桜木は, まるで桜葉が咲いたかの如き風情である」といった44文字からなる文がみつかれば, それはもはや真核細胞の世界にいるとみなされ

よう．この真核細胞は，由来をたどると原核細胞に行きつくことを教えてくれる．

次に「桜が咲いた」を，「変化を伴う継承（由来）の理論」にしたがって，「倉井と桜田が寒い寒いと叫んだので倉田と桜井が酒だ酒だと応えた」（42文字）の長文に進化させてみよう（図参照）．原核細胞から真核細胞への進化をたどる試みである．

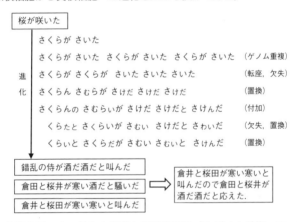

突然変異の内，最も大規模な突然変異は「全ゲノム重複」で，真核細胞化に伴うゲノムの大型化に貢献した大きな要因とみなされることから，ここでも最初の突然変異として「文全体の重複」から始める．

「さくらがさいた」が2回コピー（重複）して「さくらがさいた さくらがさいた さくらがさいた」（21文字）という文ができ，次に重複文の最初の「さくらがさいた」の「さいた」が移動し，最後の「さくらが」が失われると「桜が桜が咲いた咲いた咲いた」（17文字）となる．これは専門用語で「転座」と「欠失」と呼ばれる突然変異が起こったことに相当する．この辺りは，原核細胞と真核細胞の境界線上をさまよっている感がある．

第Ⅵ章　有性生殖と老・死　　241

　次に文字の「置換」が起こり，さらに文字の「付加」があり，「欠失と置換」，「置換」などの突然変異を繰り返すことにより，「錯乱の侍が酒を酒だと叫んだ」（21文字）とか「倉田と桜井が寒い酒だと騒いだ」（20文字）とか「倉井と桜田が寒い寒いと叫んだ」（20字）とかの文に変化したあたりが，初期真核細胞といったところか．

　真核細胞を散文の世界に譬えたが，散文を構成する文字量は何万，何十万字にも及び，俳句の17字とは比較にもならない．しかしどんな長文も短文の寄せ集めであり，その短文に俳句の名残りが見られるのが面白い．特に長編小説の冒頭には俳句を連想させる短文が少なくない．

　例えば夏目漱石の『草枕』の冒頭部：山路を登りながらこう考えた（5・6・7）．智に働けば角が立つ（7・5）．情に棹させば流される（8・5）．意地を通せば窮屈だ（7・5）．とかくにこの世は住みにくい（7・5）．・・・俳句形式そのままではないが，類似性を匂わせる．

　例えば『平家物語』の冒頭部：祇園精舎の鐘の声，諸行無常の響きあり．沙羅双樹の花の色，盛者必衰のことわりをあらはす．おごれる人も久しからず，ただ春の夜の夢のごとし．猛き者も遂には滅びぬ，ひとへに風の前の塵に同じ．・・・こちらの場合は，「鐘の声諸行無常の 響きあり」，「花の色 盛者必衰の ことわりよ」，「おごれるは ただ春の夜の 夢のごと」，「猛き者 風の前なる 塵に同じ」といった俳句形式から直接書き換えられたかのような構造になっている．

　冒頭文が草枕の18字より少ない漱石作品は「吾輩は猫である」（10）と「野分」（15）くらいだが，芥川龍之介の作品では，「仙人」（4），「藪の中」（9），「杜子春」（10），「蜘蛛の糸」（12），「俊寛」（13），「鼠小僧次郎吉」（13），「羅生門」（14），「仙人」（15），「報恩記」（13），「戯作三昧」（18）などを挙げることができる（予め目ぼしい作品を

242 第Ⅲ部 「老死」の進化

選んだ後カウント，「仙人」は 2 作ある）．

　数字は数え方によっても違うので正確とは言えないが，散文の冒頭部が短文で始まるのは，真核細胞のゲノムに原核細胞の遺伝子の名残りを見るような思いがする．

2 無性生殖の永続性

　コラム❿では原核生物を，ゲノムサイズが小さいままで進化したという意味で，俳句の世界に譬えた．俳句には随筆や小説とは違った良さがあるように，原核生物には独自の良さがある．今も地球上のいたるところで原核生物が繁栄しているという事実が，何よりもそのことを証拠立てている．

原核細胞はなぜ無性生殖のみで生きられるのか？

　生命が誕生して後およそ 18 億年もの間は，原核生物のみの世界であり，原核生物は今も個体数の総量（バイオマス）から言えば，地球上で圧倒的存在である．その間の 38 億年間，原核生物は無性生殖のみで"いのち"をつないできたのである．

　原核生物は，ゲノムサイズが小さいことによって，「より速く・より多く」の自分のコピーを作ることができ，多様な突然変異を受容しうる．1 倍体細胞であることによって，ゲノムの"遺伝子型"はそのまま"表現型"となり，"自然淘汰（自然選択）"の対象となる．そのため，無性生殖過程がそのまま「有用性を検証で

きるシステム」であると同時に，突然変異のもたらす多様性維持システムとなっている．

何度も繰り返して恐縮だが，現在の原核生物，例えば大腸菌は，十分餌がある条件では約20分で1回分裂する．すなわち7時間に20回以上分裂して100万個に達しうる（$2^{20}=10^6$）．このことは100万分の1の確率で起こる突然変異でも容易にキャッチできることを意味する．その突然変異を起こした原核細胞が，その時点での環境で生存に有利であれば選択的に生き残ることができる．

増殖に有利な突然変異として見逃せないのは，これまで餌として利用できなかった物質を利用できるようになる突然変異だろう．これまで餌として利用できていた物質を利用できなくなる突然変異ならわかるが，そんな都合のよい突然変異が現実に起こりうるのか，と思われるのは当然だ．ところが現実には，バクテリアが突然変異によって新しい環境に適応していく能力の高さは，信じられないほどである．ナイロンやペットボトルといった合成化学物質は20世紀の産物で，バクテリアにとっては38億年目に初めて接する物質である．それを餌として利用できるナイロン分解菌やペットボトル分解菌が現存するのである．

原核生物にとって，真核生物不在の20億年以前と比べ，捕食者の真核生物が登場して以降の生活は厳しい環境に変わったかというと，そうとは言えない．現実には，生態系の分解者として，あるいは寄生・共生などの場所として，真核生物は原核生物にとっての餌であり，安住の場所でさえある．

原核細胞が＜小さなゲノム＞をもつ＜1倍体細胞＞であり続けたこと，言い換えれば＜俳句の世界にこだわったこと＞が，生き

244 第Ⅲ部 「老死」の進化

延びる戦術・戦略として功を奏したと言えよう.

3 | 真核細胞は無性生殖のみでは生きられないのか?

　原核生物だけでなく，単細胞真核生物にとっても，細胞が無性
生殖を繰り返すための最大の障害は空間的な制約である．2^n で
増える二分裂（無性生殖）にとって，大腸菌なら144回の分裂で，
ゾウリムシなら120回の分裂で，総量が地球サイズを超えるとな
ると，そんな分裂の繰り返しができるはずがないと思ってしまう.
限られた空間で，細胞分裂によって生じた細胞が居続けたのでは,
すぐに細胞分裂可能な空間が無くなってしまう．したがって細胞
の生存は，大部分の仲間の細胞の死と不可分の関係にある.

　増殖に有利な突然変異というのは，増殖速度を速めるものだけ
とは限らない．仲間のバクテリアを弱らせて増殖を遅らせたり,
場合によっては毒殺するような突然変異も自らの増殖には有利に
なりうる．仲間の占めていた空間（ニッチ）は，仲間が死ぬこと
で自らの空間に変わりうるからである．バクテリアは仲間が死ぬ
ことによって生きられる，と言っても過言ではない.

　私たちがゾウリムシの寿命として約600回もの分裂を数えるこ
とができたのは，継続的な飼育のために「単離培養法」（図9）を
採用したからで，これは定期的な人為的間引きに他ならない.

　細胞にとっての事故死は，自然の間引きということになるだろ
う．事故死の原因として，Ｘ線・紫外線・放射線などの被曝や極
端な高温・低温などの物理的な要因，有害・有毒な物質などによ

る化学的な要因の他に，餌の欠乏や争いなどの生物学的な要因が挙げられるが，偶然の事故死は免れようがない．しかし，生存スペースをめぐる競争には，単細胞生物にとっても様々な工夫があったに違いない．「より速く・より多く」の基本戦略とは逆に，代謝を止めてエネルギーの消耗を避け，環境が好転するまで生き延びるという，消極的ではあるが有効な戦略もある．この戦略は原核細胞にも真核細胞にも使えるが，真核細胞はこれまでにない新戦略を編み出した．それは，自らの死を必然化する仕掛け（プログラム）を導入することによって，自分の若い分身が生存できるスペースをつくるという戦略である．その仕掛けが有性生殖であり，有性生殖に続く無性生殖に分裂限界を設定したのが寿命という現象になったのではなかろうか．

　しかし分裂限界という形の細胞死が，すべての真核細胞に当てはまるのかどうかという問いには，確答がない．

不死の真核生物の謎

　「不老不死の真核生物がいる」という話を聞くことは珍しくないが，それが無性生殖の永続する真核生物であることを意味するとは限らない．例えば，新生細胞（ネオブラスト）から個体を繰り返し再生することができる真核生物は，よく知られているプラナリアだけでなく，ヒドラ，クラゲ，カイメンなどにもありそうだ．ただしそのような個体の再生が何百回も繰り返すのを確かめたとしても，無限に続くかどうかはわからない．それを言うには，その生物が有性生殖をしないことが立証されていなければならな

いからだ. 有性生殖が単に見逃されているだけなのかもしれない.
ゾウリムシでオートガミーという有性生殖が発見されるまでは
"メトセラ・ゾウリムシ" と呼ばれ, 不老不死とみなされていた
ことについてはすでに述べた (48頁).

　現在の学問レベルからすれば, 有性生殖に関係する遺伝子のホ
モログ (類似配列をもつ遺伝子) が, 有性生殖が検証されていな
いとする真核生物に存在しないかどうかの検証くらいは必要だろ
う. さらに言えば, 無性生殖過程におけるゲノムの「複製・分配」
が「複製・分配・分配」と変わることによって (私の主張する)「2
倍体の1倍体化という原初有性生殖」が起こっている可能性もあ
る (170頁).

　ところが, 実は私自身が, 生殖核である「小核」をもたないた
め有性生殖が起こらず,「大核」の無性生殖のみで永続できる真
核生物としてテトラヒメナ・ピリフォルミス *Tetrahymena pyriformis*
を紹介してきた (73頁). その際, 本種の存在は「有性生殖をし
ないゾウリムシの突然変異体をつくれば, 寿命をもたない不死の
ゾウリムシが得られるのではないか」との期待をもたせたが, そ
れを実証する試みは失敗に終わったことについても触れた. ただ
その失敗は「オートガミーをしない突然変異体」が得られなかっ
たことによるのであって,「有性生殖が出来ない繊毛虫は寿命を
もたなくなる」可能性が否定されたわけではなかった.
　一般にはあまり知られていないが, 繊毛虫を実験材料にしてい
る研究者には広く知られている大核と小核の違いについての奇妙
な現象がある. 繊毛虫のどの種でも, 小核はゲノムを2セット含

第Ⅵ章　有性生殖と老・死　247

む2倍体であるのに対して，大核は小核ゲノムの「特定の一部」だけが切り出されたあと，DNA断片の両端がテロメアでカバーされ，多重複製されて，小さな遺伝子サイズの大量DNAから成る大型の核となるのである（Hausmann et al., 2003）．

　大核は有性生殖の過程で小核由来の受精核から作られるが，小核ゲノムの何％が大核に移行するのか，多重複製の規模がどの程度なのかは，種ごとに実に様々である．例えばスチロニキア属のある種では，小核遺伝子の98％が捨てられ，残りの2％が寸断され，それぞれのDNA断片が多重複製されて大核になる．一方，テトラヒメナ・サーモフィラでは，捨てられる小核遺伝子は10～20％と少ないが，残った遺伝子は100～20,000塩基対（0.1～20 kb）に断片化されたあと，それぞれが45倍にコピーされた状態で大核DNAとなる．小核をもたないテトラヒメナ・ピリフォルミスも，大核のコピー数は同程度と推定されている．断片化DNAのコピー数は，ゾウリムシでは1,000～2,000倍で，テトラヒメナの45倍に比べると大きいが，数百万倍にも増幅されている種もあるそうだ．

　繊毛虫の大核DNAのコピー数が大きいのは，細胞当り何千本もの繊毛やトリコシストをもつ大型細胞の構造を支えるのに，沢山の同じ部品を必要とするからだ．一方，このような断片化遺伝子では，大核は染色体構造をとれない．細胞分裂に際して，小核は染色体の「有糸分裂（分裂装置を使う分裂）」により正確に娘細胞に二分されるが，大核は「無糸分裂（餅を二つに引きちぎるような分裂）」により大まかに配分される．無糸分裂を長く繰り返すと，ある遺伝子は不等分配の結果失われることも起こりうる．小核を

もたないテトラヒメナ・ピリフォルミスは，小核からの大核の再生が起こりえないのに，なぜ大核の無糸分裂が永続できるのだろうか？

　この謎は解明されていないが，次のようなことが考えられる．
　ピリフォルミスの大核は，小さいもので百塩基対，大きいもので 2 万塩基対という長さをもつ遺伝子サイズの DNA 断片から成る．これらがバラバラに 45 個ずつ散らばっているのか，それともセットとしてのまとまりが 45 個あるのかはわかっていない．大核が 45 個ずつのバラバラな遺伝子群（DNA 断片の集合）だとすれば，大核の無糸分裂が長く続くと，やがてはセットの遺伝子を保てなくなった細胞が出現するだろう．しかしそういう細胞は淘汰され捨てられるだけで，セットが揃った細胞が永遠に受け継がれていくのだという考え方は不可能とは言えない．一方，まとまった断片が 45 セット存在していれば，大核の無糸分裂過程で全セットが失われる可能性は極めて小さいと言えよう．これが現実だとすると，ピリフォルミスの大核は，DNA サイズの異なる原核細胞がコロニーをつくっていて，そういう 45 個のコロニーが共生しているような状態と言えなくもない．この状態は，「より速く，より多く」のコピーをつくることで，突然変異と自然淘汰（自然選択）による変化（進化）が起こりやすくなっている原核細胞の生存戦略を真似ているように思えなくもない．

　もう一つ考えられるのは，サーモフィラで大核がつくられるとき，小核遺伝子に含まれる様々な「抑制」に必要な遺伝子をすべ

第Ⅵ章　有性生殖と老・死　249

て置き去りにして「抑制解除状態の大核」がつくられた突然変異体がピリフォルミスになったのでは，という可能性である．

　繊毛虫で小核が有性生殖に入るためには大核の助けを必要とするのに，小核が有性生殖を終えると大核は崩壊・消滅し，新しい大核が受精核から作り直される．このことは大核が厳しい遺伝的コントロール下にあることを示唆する．大核がいつまでも分裂を続けられないのも，小核から「（寿命の原因となる）抑制遺伝子」をもち込んでいるためか，もしくは小核の抑制遺伝子の制御を受けるように仕組まれているからではなかろうか．通常は小核のどの遺伝子を大核に引き渡すかは厳格に制御されているのに，たまたまガン細胞が正常細胞の抑制から脱出するようなことが起こって，ピリフォルミスの不死の大核ができてしまった（ピリフォルミスはサーモフィラのガン化産物）のではなかろうか．

真核生物が有性生殖を必要とした理由

　有性生殖は，2倍体で大型ゲノムをもつ生物，つまり真核生物において必要とされた「いのちのつなぎ方」であって，真核生物が登場するまで有性生殖は必要とされなかった．

　小型で1倍体の原核細胞にとって，遺伝子型の変化はただちに表現型の変化になるので，不適応な突然変異なら死滅し，適応的もしくは中立的な突然変異なら生残する．1倍体では遺伝子型がAからaに突然変異すると，表現型も［A］から［a］に変わるので，自然淘汰（自然選択）の対象になる表現型の適否は，遺伝子型の適否と一致する．これはランダムな突然変異と自然淘汰が上

250 第Ⅲ部 「老死」の進化

手くマッチした生存戦略と言えよう.

では原核細胞が1倍体のまま大型ゲノムをもつと，何が問題になるのか．ゲノムが大型化するとDNA複製に時間がかかる．突然変異はランダムな事象なので，遺伝子の複製中にだけ起こるわけではないが，複製エラーという形の突然変異率も高くなるので，細胞周期が長引くことによって生じる突然変異率の増大は大問題となる．大型細胞が細胞分裂を終えて次の細胞分裂に至るまでに，何らかの突然変異で死滅してしまうかもしれない．数十回の細胞分裂（無性生殖）を続けることさえ困難になるようでは絶滅の道をたどるしかない.

しかし大型ゲノムをもつことになった原核細胞が2倍体化して元のゲノムをダブルでもち，潜性突然変異が生じてもすぐには発現させないように顕性遺伝子の庇護下に置くことのできた細胞は，生き残ったことだろう.

突然変異とは遺伝子の変化であり，DNAの1塩基が別の塩基に置き換わるような変化から，ゲノムが丸ごとコピーされて倍加するような変化まで，様々な変化が含まれるが，有性生殖による変化は突然変異とは呼ばない．A/A遺伝子が物理化学的要因（変異原）や複製エラーによってA/aに変わるのは突然変異と呼ぶが，A/Aとa/aの両親からA/aの子が生じることや，A/a同士の両親からA/Aやa/aの子が生じるのは，突然変異とは呼ばず「遺伝的組換え」という.

遺伝子の変化と進化とはほぼ同義であるが，全く同じというわけではない．自然淘汰を経て残された表現型が，遺伝子変化とし

第Ⅵ章　有性生殖と老・死　251

て継承されることが進化である.

　突然変異で出現した顕性遺伝子が直ちに表現型として発現し,
自然淘汰で残される場合もあるが, 多くの突然変異は潜性遺伝子
として2倍体状態で隠されたまま保持されていて, 有性生殖を経
ることによって表現型として発現し, それが自然淘汰の対象とな
る. したがって, 多様な遺伝子を内蔵し, かつ多様な遺伝子型を
表現型に変え, 自然淘汰の判定を受けられるようにすることは,
進化の機会を増やすことにつながる.

　そう考えると, 真核細胞が大型ゲノムをもつ大型細胞になり,
有性生殖を取り入れたことは, 突然変異の機会を増やし, 自然淘
汰の判定のための材料を提供するという意味で適応的なことだっ
たが故に, 継承されてきたという解釈が成り立ちそうだ.

　一方で, 原核細胞にも真核細胞にも, 細胞には突然変異を修復
する様々な仕組みがあり, 真核細胞において修復機能はより高度
化している. 真核細胞は, 突然変異の頻度をできるだけ大規模に
した上で, 「良い」突然変異と「悪い」突然変異をより分け, 「悪
い」突然変異だけを修復しているのだろうか?　残念ながら, 修
復機構自体の中に, 突然変異の良否を見分ける仕組みは存在しな
い.

　なるほど突然変異は進化にとって必須の条件ではあるが, 一般
に有益な突然変異よりも有害な突然変異の方が多く, 大部分の突
然変異は有益でも有害でもない中立な変化である. 有益・有害な
突然変異とは遺伝子型が変わることによって表現型が変わるよう
な変化であり, 中立な突然変異とは遺伝子型が変わっても表現型
が変わらないような変化である. 前者は意味の変わる変化, 後者

は意味の変わらない変化とも言える．中立な突然変異が多い主な理由は，遺伝暗号が変わっても指定するアミノ酸が変わらない「コドンの冗長性」による．もう一つの理由は，タンパク質を構成するアミノ酸のうち，タンパク質の機能に影響しないアミノ酸が存在することによる．

「有性生殖は遺伝子の多様化戦略である」というとき，遺伝的多様化が大事なのは「環境の変化に適応できる新しい能力」が出現しうるからであるが，環境の変化に適応できる能力というのは新しい"表現型"であって，新しい"遺伝子型"ではない．遺伝子型がA/AからA/aに変わっても，表現型は同じ［A］のままで変わらない．この状態では，突然変異により生じたa遺伝子が環境の変化に適応できる能力を有するかどうかはわからない．

　有性生殖にとって大事なのは，新しく生じた突然変異遺伝子について（既存の隠された突然変異遺伝子についても），変化する環境の中で表現型として自然淘汰の対象に晒すことである．上記の例で$A/A \rightarrow A/a$に変わったとき，新しく生じた遺伝子型aを表現型［a］として適・不適の自然淘汰の判定を受けられるようにするには，「1倍体化」してAとaに分けるか，a/aという「新規の2倍体」をつくらねばならない．

　「1倍体化」の原初様式として，無性生殖過程の変形である「2倍体の＜複製・分配・分配＞による1倍体化」がありうることについては，すでに触れた（170頁）．より本格的な「1倍体化」が「減数分裂」であることは言うまでもない．

　「新規の2倍体」を作る一般的な方法は，1倍体配偶子の「受精」

（細胞融合）であり，そのことが遺伝子のシャフリングという有性生殖の多様化戦略と直結すると考えられている．1倍体配偶子の交配が起こるには，無性生殖の特徴である「分裂産物は原則として融合しない」の原則を，減数分裂の特徴である「分裂産物は原則として融合する」に変更しなければならない（144頁，表1）．体細胞分裂産物である娘細胞は原則として細胞融合を禁じられているのに対し，減数分裂産物である配偶子は細胞融合を運命づけられているからである．とは言え，減数分裂産物である精子の融合相手は卵であり，卵の融合相手は精子であって，精子同士の細胞融合は起こらない．ただし卵同士（正確には卵と極体）が融合する事例はワムシやミジンコなどで知られている（次節参照）．

　最も極端なのがゾウリムシのオートガミーでの核の行動で，減数分裂産物である核の一つが一度体細胞分裂したあと，その産物である二つの核が融合して2倍体化する現象である（図24）．「減数分裂産物は分裂しない」と，「体細胞分裂産物は融合しない」の二つの掟を連続して破っていることになる．そのことによって，親型の表現型を残しながら，新規の遺伝子型を表現型化するという，見事な検証系を作り上げていることについてはすでに触れた（165頁，表2）．

　有性生殖にとっての核心的事象を，「遺伝子型の表現型への変換」による「自然淘汰による突然変異の有用性の検証」と考えたとき，「検証のタイミング」が重要になる．このタイミングは，発現されずに貯められている遺伝子型の多様性がどの程度の規模に達しているかと関係する．原初有性生殖の段階では，ランダム

254 第Ⅲ部 「老死」の進化

な事象でしかなかった1倍体化のタイミングが，性成熟期（未熟期の長さ）という「時間を読む仕組み」に変わった．この仕組みは，個体発生過程におけるジャームとソーマへのエネルギー配分の最適化を反映しているだろうとの推測については図14（79頁）に示した．

　検証法としては，新規突然変異を表現型化するだけでなく，有用性が保証されていた親型の表現型を保持することにつながる遺伝子のシャフリング法として，同系統間での接合（クローン内接合）が選択された（165頁，表2参照）．オートガミーも同じ頃に登場したのかもしれない．

　クローン内の仲間はすべて同性だろうから，同系交配（クローン内接合）が可能になるには，「性分化の仕組み」がなければならないが，異性を作るのはさほどの難事ではなさそうだ．ゾウリムシの1種に，日周期的に性転換することでクローン内接合をする系統があるが，この現象は *cycler* という1遺伝子をホモにもつこと（*cycler/cycler*）で達成されている．

　同系交配（近親交配）は，ゲノムサイズが大型化するほど，潜性ホモの（有害でありうる）表現型の出現頻度を高める．例えば1遺伝子座がヘテロの同系交配（$A/a \times A/a$）では非親型の表現型 [a] の出現頻度は 1/4（25%）だが，同系交配でのヘテロの遺伝子座が2か所（$A/a, B/b \times A/a, B/b$），3か所（$A/a, B/b, C/c \times A/a, B/b, C/c$）・・・と増えるに従い，潜性遺伝子が表現型化する頻度は，7/16（43.8%），37/64（57.8%）・・・と高くなる（高木，2014）．インセストタブーとして近親婚が法的に禁じられている所以である．

4 | 単為生殖の意義

単為生殖という生殖法がある．"処女生殖"とも呼ばれるように，メスが単独で新個体をつくる生殖法である．卵が，精子と受精することなく個体をつくる過程に注目して，**単為発生**ともいう．

単為生殖には様々な様式があるので，一概にその特徴はこうだ，とは言えないのだが，ここではアリマキ（アブラムシ）の単為生殖を例に，これを有性生殖の一法として見たときの際立った特徴に注目する．そこで改めて「有性生殖とは何か？」と問おう．先に（162頁）典型的な有性生殖の要素として，①〜④の四つの特徴を挙げたが，現段階では次のような七つを挙げるべきではないかと思っている．新たに付け加えた⑤〜⑦のうち，単為生殖の意義と関連するのは⑦である．

① 雌雄の性差（性分化）
② 減数分裂（2倍体の1倍体化）
③ 受精（1倍体の2倍体化）
④ 遺伝的多様化
⑤ 初期化（若返り）
⑥ 受精後の無性生殖の抑制（寿命）
⑦ 遺伝子型の表現型化（自然淘汰（自然選択）による検証機会）

例えば A/a として潜在していた a 遺伝子を表現型化するには，$A/a \rightarrow A/A + a/a$ という2倍体のホモ接合体をつくるか，$A/a \rightarrow A + a$ という形で1倍体化するかで，どちらも表現型の変化

としては［A］➡［A］＋［a］となる．これが，⑦の特徴で，親型［A］の表現型を保持しながら，非親型の表現型［a］の有用性を検証する機会を与えている．通常の有性生殖では1倍体の卵をつくることによってA/a➡$A＋a$という変化を経るのに対し，アリマキ（アブラムシ）の単為生殖では，2倍体の卵をつくることによってA/a➡$A/A＋a/a$という変化を経るのである．具体的に見てみよう．

まずメスの有性生殖で卵（卵子）がつくられる過程は，図20で示したように，以下のような段階が含まれることを再確認しておこう．

染色体の＜複製＞
➡複製された相同染色体の＜対合＞
➡1度目の減数分裂＜分配1＞により2細胞（卵と極体）に
➡2度目の減数分裂＜分配2＞により4細胞（卵と三つの極体）に

遺伝子型A/aが「複製 ➡ 対合 ➡ 分配1 ➡ 分配2」という経過を経たときの変化は，次のように表記することができる．

A/a➡複製・対合：A/A / a/a
➡分配1：$A/A＋a/a$　　❶
➡分配2：$A＋A＋a＋a$　　❷

アリマキ（アブラムシ）の単為生殖では，1度目の減数分裂で作られた❶の卵（A/Aまたはa/a）が，そのまま発生して親になる．

ワムシやミジンコの単為生殖では，2度目の減数分裂で作られた
❷の卵（Aまたはa）が（精子との融合ではなく）極体の一つと融
合して2倍体の卵（A/AまたはA/a）となり，発生し親になる．
他にも2度目の減数分裂で作られた❷の卵が1倍体のまま発生し
て親になる動物や，途中で2倍体化するものがいるなど様々な様
式があるが，いずれも精子と受精することなく個体を作るという
のが，単為発生の特徴である．

　アリマキ（アブラムシ）の単為生殖で，❶で減数分裂がストッ
プし，その産物が「卵」になるということは，A/A卵またはa/a
卵が生まれることを意味する（実際には対合の段階で「交叉」が起
こるので，親型のA/a卵も生じうる）．このように，減数分裂が❶
で中断しても，A/a➡$A/A + a/a$という変化により表現型が［a］
となる機会が与えられ，⑦遺伝子型の表現型化が実現しうるので
ある．

　上記の例は単一の遺伝子座の変化だけを示しているが，例えば
三つの遺伝子座に注目すると，$A/A, B/B, C/C$，$A/A, B/B, c/c$,
$A/A, b/b, C/C$・・・$a/a, b/b, c/c$ など8通りのホモの遺伝子型が生
まれ，それに応じた表現型［ABC］，［ABc］，［AbC］・・・［abc］
が出現する．その際，a/a単独では有害な表現型を示すとしても，
二つの潜性（劣性）遺伝子が共にホモ$a/a, c/c$になると，有益な
表現型を示すようなことも生じる．実際には何千もの遺伝子座
について無限とも言える組み合わせが可能であり，すべての遺伝
子座がホモとなって表現型化することにより，その遺伝子座が有
益か否かが自然淘汰による検証に晒されうるのである．その際，
非親型の新規表現型の検証だけでなく，直前まで有用であった親

型の表現型も遺しうる．減数第一分裂でストップするというアリマキ（アブラムシ）の単為生殖の様式は，$A/a \Rightarrow A/A + a/a$ という変化をもたらすという点で，ゾウリムシのオートガミー効果と同じではないかと，驚いている．

　私は単為生殖を有性生殖の一法とみなしているが，そうではないとする専門書が少なくない．ここでは単為生殖が有性生殖かどうかの議論に深入りすることは避けて，減数分裂過程の要である「相同染色体の対合」が「複製 ➡ 対合 ➡ 分配１」という形で実施されていることと，「潜性突然変異の表現型化による有用性の検証」という重要な役割が果たされていることを強調しておく．

　一旦単為生殖に上記のような意義があるとわかると，では「なぜヒトやマウスなどの哺乳動物では，単為生殖が起こらないのか？」との疑問が生じる．

　この問いに対しては，哺乳類で単為生殖が起こらないのは，**ゲノム・インプリンティング**と呼ばれる「メチル化による転写抑制」が働いているためであることがわかっている（図 35）．

　2倍体細胞には，メス親由来とオス親由来の１対のゲノムが含まれるが，マウスやヒトなどの哺乳類では，メス親由来の「特定の遺伝子群」と，オス親由来の「別の特定の遺伝子群」の特定部位がメチル化されていることによって，それらの遺伝子の転写が抑えられている．メチル化という化学修飾（インプリンティング）の起こる遺伝子（インプリント遺伝子という）は雌雄で異なり，メスで圧倒的に多い．

　2倍体のホモ接合体をつくる単為生殖では，メスのインプリント遺伝子はすべて転写抑制されてしまうため，これらの遺伝子は

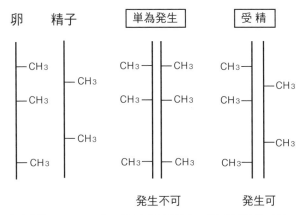

図35 ●哺乳類では，メチル化により転写抑制される遺伝子が雌雄で異なるため，受精卵の発生はできるが，2倍体の卵は単為発生できない仕組みを示した模式図．

すべて機能しなくなる．これがマウスで単為発生が起こらない理由である．

それに対し，卵子のゲノムと精子のゲノムをもつ正常な受精卵では，雌雄のインプリント遺伝子がヘテロの状態になるので，必ず片方の遺伝子が機能を担える状態になっている．本来はメス単独で単為生殖により生存できた動物が，ゲノム・インプリンティングという新規の抑制装置を発明することによって，受精というプロセスを必須にし，オスを不可欠の存在にするシステムに作り替えたのが哺乳類であると言える．このことは，抑制系の進化が，生命システムに新機軸をもたらした一例として，注目に値する．

上記原理をうまく利用して，メスでゲノム・インプリンティン

260　第Ⅲ部　「老死」の進化

グによる転写抑制が起こらないような卵をつくって発生させれば，哺乳類でも単為生殖を誘導できるはず，と考えた人達がいた．河野友宏さん，尾畑やよいさんら，東京農業大学の研究グループは，ゲノム・インプリンティングを起こさせないような遺伝子操作と，緻密な卵の移植技術を駆使して，哺乳類で世界初の「かぐや」と名付けられた単為生殖マウスを生み出すことに成功した（Kono et al., 2004; 河野ら, 2004）．

第Ⅶ章 | *Chapter VII*

老死の誕生と抑制系の進化

　最終章ということもあり，一言付記させていただく．

　「ヒトは死ぬことができるように進化したのだから，死で終わる生のあり方を，喜んで受容すべきである」というのが本書の主張である，というように読み取られる方がおられるかもしれない．

　しかし現実に死に直面している人はもちろん，それを看取っている者にとっても，死がいかに恐怖であり堪えがたく悲しいものであるか，わかったような言葉がいかに空疎なものであるかも，現実に身内を喪い，親しい友人・同僚・恩師の死に接してきた自らの体験から，よく承知している．「老死の進化を考えてきた高木さん，この場であなたは何と言いますか？」と，その都度私は自問した．そして何も語ることができずに来た．

　「死をどう迎えるか」という問題は，各人が各様に考える他ない．本書はそれに応えられるようなものではない，ということを明言しておく．

　「ヒトが死を迎えるのは必然である」という誰もが知っていることに，私はただ「それは進化の産物である」と付け加えただけだ．

　本章のタイトルが示す通り，"老死"は進化の歴史で「誕生」

したのであって，普遍的な現象ではない．以下，"老死"が誕生して寿命をもつようになった生物の歴史を，「抑制系の進化」という観点から展望する．

1 老化・死は進化の産物であるとなぜ言えるのか？

世の中にはバクテリアをはじめ原生生物のアメーバや無脊椎動物のプラナリアなど，「老化・死・寿命」といった概念とは無縁と思える生物が少なくない．一方ヒトをはじめ哺乳動物では，全く逆に，「寿命をもたない生物」はいない．

事実としての寿命の進化

図36は，進化の道筋を示す系統樹に，生物群の寿命の有無を書き込んだもので，下から上へは38億年の時間経過を，左から右へは共通祖先に由来する多様な生物への分岐を示している．

原核生物から真核生物へ，単細胞生物から多細胞生物へと移行する時間軸と空間軸に沿って，「寿命なし」の生物から「寿命あり」の生物が次第に増えてきた様子を描いている．原核生物はすべて「単細胞」で「寿命なし」であったのが，約20億年前に出現した真核生物において「単細胞」で「寿命あり」が登場し，「多細胞」の動物に至って「寿命なし」が少数派になってきた．ただし，真核生物群間での「寿命なし」をこのような分布に描いているのは，「寿命あり」の証拠が確定されていない生物が多いことによるも

第Ⅶ章 老死の誕生と抑制系の進化　263

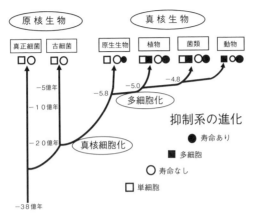

図36 ●寿命をもたない原核生物から寿命をもつ真核生物が誕生した後,真核生物の中では寿命をもつ生物群が多数派になったことを示した概念図.

ので,将来多様な有性生殖が発見されることによって,真核生物はすべて「寿命あり」となる可能性を秘めていることをお断りしておく.

現段階での知見からでもこのような分布図が描けるということは,「生物は寿命をもたないのが本来の姿」であり,「寿命をもたない生物から寿命をもつ生物へ」進化したことを物語っている.「死は進化の産物である」との私の主張は,奇を衒ったものではなく,ごく当り前のことを述べているに過ぎない.

図36の上段に横並びになっている生物群は,すでに絶滅して化石化した生物も含むが,今地球上に現存している生物を6群に分けたもので,どれもが同じ38億年の進化史の頂点に立っていることを示している.真核生物の4グループの分け方と名称は目下大幅に改訂されようとしていて,例えば原生生物は植物や菌類

とも一部オーバーラップするが，ここでは図36に沿って話を進める．

　この図は「左の現存生物から右の現存生物が進化した」ことを示しているのではない．現存生物を念頭に浮かべながら「バクテリアからアメーバやゾウリムシなどの原生生物を経て，植物や菌類に至り，ヒトへ進化した」というのは間違っている．

　六つの生物群の共通祖先のいた時代が，左から右に向かって，より現在に近いことを示しているのである．「ヒトは現存の植物や菌類との共通祖先に由来し，さらに遡るとアメーバやゾウリムシなどの原生生物とも祖先を共有しており，さらにはバクテリアとの共通祖先にいきつく」のである．

　「チンパンジーからヒトへ進化した」というのと，「チンパンジーとヒトの共通祖先から両者が分岐した」という表現の差は，進化に対する認識の問題として重要である．

　ヒト・ゾウリムシ・バクテリアは，同じ38億年の進化史を経験した進化的に対等の生物であることを忘れてはならない．

　図36は，原核生物には真核生物へ進化したグループと原核生物のままとどまったグループがあることを示している．後者の原核生物は38億年間原核生物のままで進化しなかったのではない．例えば様々な寄生細菌や共生細菌が進化したが，寄生すべきあるいは共生すべき相手生物が存在しなかった時期にはそういう細菌も存在しえなかった．ただ「単細胞」で「寿命なし」という特性については，38億年間変化していない．真核生物の出現以降には，原核生物のこの特性がとりわけ有効になったことだろう．

　すでに述べたように，真核生物で「寿命なし」と証明されてい

る生物は稀で，そう判定されているのは「長らく飼育しているが寿命の兆候が見られない」という観察事例に基づく解釈であることが圧倒的に多いように思える．

ゾウリムシの寿命の存在証明が「オートガミーという有性生殖」の発見だったように，有性生殖が見逃されている場合には「寿命なし」と解釈されてしまう．「減数分裂と受精」で代表される"有性生殖"がなくても，「無性生殖的な2倍体と1倍体の交代」という（私の主張する）"原初有性生殖"が起こっている可能性は残される．有性生殖が絶対に介在していないことを証明するのは至難の業であり，そんな研究に力を注ぐ研究者は，極めて少ないことだろう．

寿命をもたない（不死と見られる）生物を発見した，という報告に接したとき，報告者が「ただし」として，「思いがけない有性生殖」が存在しうることに言及しておられると，信頼できる科学者として安心して聞いていられる．一方この発見は不老不死のヒトを実現してくれる可能性がある，といった発言を聞くと，「ヒトは死ぬことができる生物に進化した」と認識する私は，がっかりしてしまう．

2 | なぜ「老死」が進化しえたのか？

本書の主張である「老死は進化の産物」という考え方に，違和感を覚える読者は少なくないと思われる．進化の原動力である"自然淘汰（自然選択）"の対象は「よりよく生きる」能力（より多く

の子孫を残すことに貢献する形質）であって，"老死"が選択されるというのは考えにくい，というのが違和感の理由ではなかろうか．

　老化がテーマに取り上げられた本では「なぜ老化が起こるのか？」については詳しく論じられ，"異常遺伝子・異常タンパク質の蓄積説"，"フリーラジカル説（酸化ストレス説）"，"プログラム説"など様々な老化学説が紹介される．しかし「なぜ老化が進化しえたのか？」について言及する本は少ない．取り上げられた場合には，「若い頃には生存に有利に働き，年を取ると生存に不利に働く遺伝子」を，老化現象をつくりあげた原因遺伝子として紹介することが多い．若い頃に生存に有利に働く遺伝子は，自然淘汰の生き残りの対象となって次世代に受け継がれる．この遺伝子が年を取って生存に不利な働きをしても，自然淘汰で振り落とされることはないので老化現象として表面化する，という説明だ．実際，免疫系に関わる遺伝子についてはこのような傾向が強く，"免疫不全"は老化学説としても有力な仮説になっている．ハンチントン病，パーキンソン病，アルツハイマー病等の原因遺伝子は，年を取って働きだす遺伝子として知られている．若い時に発現しなければ自然淘汰で排除されることはないので，こうした遺伝子が残されていることが，老化現象を生み出す原因なのだ，という説明も聞かれる．

　これらの説明は一見合理的に思えるが，論理的に問題がないとは言えない．「若い頃」と「年を取った頃」という年齢変化があること自体が"老化"であるのに，老化していない時と老化した時に分けて遺伝子の機能に違いがあるというのは，結果で原因を

第Ⅶ章 老死の誕生と抑制系の進化 267

説明することにならないかという問題である．老化をもたらした本当の原因は別にあって，若い時には有利（もしくは中立）で，老化すると不利に働く遺伝子は，老化現象を強化しているに過ぎない，ということなのではなかろうか．もしそれが本当に老化現象をもたらした遺伝子なら，こうした遺伝子をある時期以降は発現させないよう遺伝子改変することに成功すれば，老化現象は消滅することになるのだろうか？

　私は，"老化"は何十億年という長い時間をかけて進化してきた適応的なプログラムだと考えている．それを誰もが納得するように説明できるとは言い難いが，「大型真核細胞の誕生」，「ジャーム（生殖系）・ソーマ（体細胞系）の分化」，「有性生殖の誕生」，「エネルギー配分の最適化戦略」等々と不可分に結びついた現象として，"寿命"をもつことが自然淘汰を経て生き残った成功者に違いないという信念をもつに至った．その信念が，そもそも本書を書こうとした動機でもある．

　真核細胞の誕生は，原核細胞オンリーの世界とは全く異質の世界を生み出した．

　第一に，大型細胞であることを許す餌がある．大型化ゲノムがもたらした新機能の「エンドサイトーシス」により，原核細胞が餌になったからだ．

　第二に，ミトコンドリアの共生によりエネルギーの自給体制が整った．

　第三に，大型ゲノムを利用した多様な生き方が可能になった．中でも，群体もしくは多細胞体制をとることにより，**ジャーム（生**

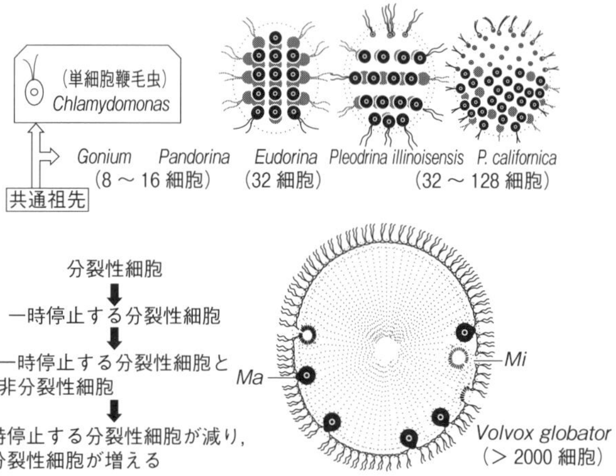

268 第Ⅲ部 「老死」の進化

図37 ●群体をつくるボルボックス目（*Gonium, Pandorina, Eudorina, Pleodorina, Volvox*）に見られる「分裂能を抑制する方向への進化」の例. クラミドモナス（単細胞鞭毛虫）との共通祖先から分岐したあと，ゴニウムからボルボックスへと，図中の矢印で示した方向への分岐を示しながら群体の規模を拡大しており，多細胞植物への進化の軌跡を示唆する. Ma：Macrogamete 大（雌性）配偶子嚢, Mi：Microgamete 小（雄性）配偶子嚢. （Grell, 1973 を参考に作成）.

殖系細胞）と**ソーマ（体細胞系細胞）**への分化が可能になったことは特筆されよう．多細胞であることの最大の特性は，細胞間のコミュニケーションの成立である．本格的な多細胞ではなく，**群体**と呼ばれるゆるやかな多細胞体制において，すでに**生殖系（ジャーム）**に相当する「分裂性細胞」と，**体細胞系（ソーマ）**に相当する「非分裂性細胞」の役割分担（細胞分化）が見られるのである（図37）.

　第四に，ゲノムの大型化がもたらす欠点を克服する中で有性生

殖が誕生した．ゲノムの大型化は必然的にランダムな突然変異を
より多く招き寄せる結果になる．突然変異は進化にとっての資産
ではあるが，危険な毒でもある．したがってゲノムを２倍体化し
有害変異をカバーできた初期真核細胞は生き残った．逆に，２倍
体の１倍体化は，環境に適応した細胞を選別する仕掛けとして機
能した．初期には，２倍体の細胞分裂がゲノムの「複製・分配」
から成り立っているのを，「複製・分配・分配」と分配を重複さ
せることで１倍体化を実現した．やがては雌雄性，減数分裂を伴
う本格的な"有性生殖"として今日の姿になったと考える．有性
生殖を担うジャーム（生殖系細胞）は，性成熟に至るまで取って
置きの細胞として保護されなければならない．哺乳類レベルの多
細胞個体となると，有性生殖が可能になるまでの期間と有性生殖
期間を生き延びさせるために，体細胞は生殖細胞に対してどんな
自己犠牲も払えるような「エネルギー分配の最適化」が図られる．
それが図 14（79 頁）のような数式として垣間見えているのでは
なかろうか．

　残された問題が，有性生殖につづく無性生殖が，いかにして，
非可逆的に老化・死で終わることになったかの仕組みである．こ
の具体的な仕組みを語ることはできないが，今言えるのは，有性
生殖による中断を受けながらの無性生殖の継続というライフスタ
イルが確立したとき，「有性生殖後のソーマの無性生殖能の有限
化」という抑制機構として「寿命」が生まれた，ということくら
いだ．様々な理由による細胞の衰退が限界に達することが寿命の
原因のように見えるが，それは寿命という現象が出現した真の原

因ではなく，"寿命"という現象を際立たせている要因に過ぎない．有性生殖期間を過ぎて，ジャーム（生殖細胞）を保護するソーマ（体細胞）の役割が終わった後には，ソーマに対する保護機能が働かないために衰退現象が捨て置かれるということはありうる．

緑藻類の進化

　上記のような進化経路を彷彿させる格好の具体例として，改めて図 37 をご覧頂きたい．図 37 は，共通祖先である初期真核細胞から，単細胞真核細胞として原生生物（鞭毛虫）クラミドモナスに進化した経路と，群体という多細胞化の道をさぐりながら大型化を進め *Gonium*, *Pandorina*, *Eudorina*, *Pleodorina* を分岐しながら *Volvox* へと進化した二つの経路があったことを示している．

　例えば *Gonium*, *Pandorina*, *Eudorina* は，それぞれ 3 回，4 回，5 回の分裂をして 8 細胞，16 細胞，32 細胞の群体をつくった段階で一旦分裂を停止する．群体をつくるどの細胞も，同じことを繰り返すことができるので「無限に無性生殖を続けられる」，すなわち「寿命をもたない」真核細胞のように見えるが，有性生殖の介在無しに，そのような操作を 100 回以上繰り返して実際に確かめたといった実証的な裏付けはない．

　それに対して，*Pleodorina illinoisensis* では群体を構成する 32 細胞のうち 4 細胞が非分裂性細胞になり，*P. californica* では 128 細胞の内約半数（より正確には 40％弱）が非分裂性細胞になるので，「生殖系（ジャーム）と体細胞系（ソーマ）の分化」が生じていることがわかる．この傾向は *Volvox* ではさらに強まり，群体を作る 2,000

細胞以上（種によっては 10,000 細胞以上）の細胞群のうち、"いのち"をつなぐのは大・小の配偶子嚢（Ma, Mi）をつくるごく一部の細胞に限られる。

図には示していないが、ここに挙げたすべての生物で有性生殖が行われている。1倍体の分裂性細胞が直接合体して2倍体になり、大部分は直ちに減数分裂を行って1倍体に返るが、ボルボックスの仲間では2倍体の生活史をつづけたあと1倍体に返るという（ヒトと同様の）生活史をもつものも現れる。私は「真核細胞は安全対策として2倍体を必然化した」ことを強調してきたが、正確には、1倍体中心の生活史 ➡ 1倍体と2倍体とが交互に出現する生活史 ➡ 2倍体中心の生活史という長い進化史が背後にある。1倍体中心の生活史をもつ *Gonium*, *Pandorina*, *Eudorina* で、どれほど長く1倍体真核細胞としての無性生殖を続けられるかを調べることによって、2倍体化と1倍体化を交互に繰り返すという初期の有性生殖を取り入れることになった意味を探ることができるかもしれない。

図37 は、なぜ"老化""寿命""死"といった一見生存にネガティブに思える形質が自然淘汰（自然選択）を経て進化してきたのかという疑問にヒントを与えてくれる。真核細胞が登場して比較的初期の段階で、群体の中に「非分裂性」という一見生存にネガティブに思える形質が登場することは、ソーマ的役割を担う細胞の存在が、ジャーム的役割を担う細胞を抱える群体というシステムにとっては自然淘汰に有利に働くことを教えてくれる。「非分裂性」は、分裂に要するエネルギーを別の用途に使えることを意味するので、自らの生存にとっては不利でも、同じ遺伝子を共有する他

者を保護することに役立てることができるからである.

有性生殖後の無性生殖

「生」も「死」も自然のもたらす偶然性に委ねた原核生物に対して,「生」が「死」で終わる"いのち"の在り方(プログラム)を導入したのが真核生物であった.無限に続く原核生物の「生」も,"老死"に終わる真核生物の「生」も,その実態は無性生殖(細胞分裂)である.真核生物が原核生物から進化したということは,無性生殖は本来「無限に」続くものであったのが,「有限に」セットし直されたということを意味する.生が"老死"で終わるときの死は100%の死なので,偶然の事故死ではなく,必然の「仕組まれた死」でなければならない.その実態がどういうものなのかについては,まだ十分に解明されていないが,私はそれをトータルに「抑制系」と表現した.死ななかったものが死ぬようになった,というよりも,「死ぬことができなかった細胞」が「死ぬことができる細胞」になった,すなわち「抑制系が進化した」という理解である."ソーマ"の永続に抑制をかけることが,"ジャーム"の永続を保証することにつながった,とも言える.

「生」が"老死"で終わったままでは"いのち"は続かないので,「生」を新たに開始させる回路がなくてはならない.それが「有性生殖」の第一義の仕事である.一方では「若返り」をセットしながら,他方では"老死"をもたらすという「有性生殖」の仕事がどうして可能なのか?

第Ⅶ章　老死の誕生と抑制系の進化　**273**

　有性生殖によって誕生した新たな「生」は，誕生後の無性生殖過程を二つの経路に分け，次の有性生殖のために取っておくジャーム経路（生殖細胞経路）を設定しながら，他方で"老死"で終わるソーマ経路（体細胞経路）を設定した．100％の死をもたらす抑制系がセットされるのはソーマ経路であるが，ジャーム経路にもそれとは異質の抑制系がセットされている．というのはジャームには有性生殖可能期間が限定されていて，ソーマが老年期に入る前に，ジャームの機能を停止させるようなセッティングがされているからである．

　様々な動物で，「始原生殖細胞」としてジャームの経路が設定されるのは，受精卵に始まる個体発生の初期である．始原生殖細胞は卵巣や精巣とはるかに離れた場所でつくられ，卵巣や精巣に移動してくる．このことは，卵巣や精巣は始原生殖細胞に由来するジャームの組織ではなく，ソーマ由来の組織であることを意味する．

　基礎生物学研究所の小林悟さんは，ショウジョウバエを使った実験で，遺伝的にメス（XX）の始原生殖細胞は，卵巣到着以前から卵になることが決まっているが，遺伝的にオス（XY）の始原生殖細胞は，精巣に到着した後，精巣からのシグナルを受けてオス化が起こること，両者の違いは始原生殖細胞の Sxl 遺伝子が活性状態にあるか抑制状態にあるかの違い（メスでは ON，オスでは OFF）によることを発見した．蛇足ながら，卵や精子は，始原生殖細胞→卵原細胞（or 精原細胞）→卵母細胞（or 精母細胞）を経てつくられる．

274　第III部　「老死」の進化

　飛躍するが，体（生殖巣）の性と配偶子の性は必ずしも一致しないというこの話は，ゾウリムシで細胞の性と核の性が一致しないこと（図24）を思い起こさせる．ついでに付け加えると，「始原生殖細胞」としてジャームの経路が設定されるのは，受精卵に始まる個体発生の初期であるが，ゾウリムシではもっと早く（受精卵に相当する時点）に，ジャームとしての小核と，ソーマとしての大核に分かれる．一方，ジャームとしての活動が始まるまでに，一定の無性生殖期間（性成熟期，もしくは未熟期）を設けるのは両者に共通している．

　先にも触れたが，個体発生過程でソーマを予定死に導く具体的な仕組みとして，ヒト体細胞での「テロメアの短縮」が報告されたとき，「これぞ抑制系では」と胸をときめかしたことを思い出す．ヒト細胞でも無限に無性生殖を続けられるガン細胞では，短縮部位を復元するテロメラーゼという酵素の働きにより，テロメアの短縮は起こらない．しかしそれは異常なガン細胞の話で，正常な2倍体細胞はどんな生物でも「テロメアの短縮」が“老死”に導くメカニズムの実体なのではないか，との解釈がなお可能と思われた．

　ところが，私にとっての老化モデル生物であるヨツヒメゾウリムシで，老化に伴う大核DNAのテロメアの短縮は起こらないことが早々と報告されたのである．報告したのは，テロメアの発見者であるE. H. ブラックバーンたちであった（Gilley & Blackburn, 1994）．その後も様々な研究者により，「テロメアの短縮」は老化過程を象徴するマーカーにはならないことが報告されてきた．考

第Ⅶ章　老死の誕生と抑制系の進化　275

えてみれば当然なのかもしれない．"老死"という複雑な現象を，テロメラーゼというたった一つのタンパク質の機能の有無に帰すことができると思うこと自体がおかしいのである．

　ヒトの老死は多細胞個体としての老死であって，構成する個々の細胞の老死とは階層性を異にする．言い換えれば，ヒトの老死はシステムとしての老死，すなわちシステムとしての抑制（抑制系）であって，個別現象の総和ではない．

　受精卵が無性生殖（細胞分裂）を繰り返しながら，ジャームとソーマに分岐し，ソーマに分裂限界としての寿命が生じるが，これは分裂能の「抑制」であって「喪失」でないことは，"ガン化"が無限の分裂能をもたらすことからも明らかである．ガン化による一部細胞の無限分裂能の獲得は，個体の衰弱による短命化をもたらしこそすれ，個体の活性化に何の寄与もしない．制御されない細胞分裂の活性化は，抑制システムの攪乱に過ぎないからである．

　ヒトにとって，祖先を共有する仲間であるはずのバクテリアを，征服すべき敵と感じるのは，制御されない暴走性への恐れによるものだろう．

　自らの老化の進行に恐れを感じるのも，抑制された老人でいることの難しさを実感するからに違いない．ヒトはバクテリアと違って，どんなに暴走的になっても必ず死で終えることができる．「死んでしまう」ヒトではなく，「死ぬことができる」ヒトであるというのは，大きな救いではなかろうか．

3 ゾウリムシの死に方

ゾウリムシの寿命を研究テーマにしてきた私にとって，死が確定するぎりぎりまでの老化過程を追い，「ゾウリムシはどのように死ぬのか？」と問うことは必然の成り行きであった．私がゾウリムシの有性生殖について研究を始めた頃，有性生殖の主役である小核ではなく，有性生殖を終えると死滅する大核に興味をもっていたことに対し，親しい友人から「高木さんは生物学ではなく死物学をやるつもりですか」とからかわれたことについては既に紹介したが，振り返ってみると本当に，生物学者というよりも死物学者だったかもしれない．

「生物学か死物学かなどはどうでもよいことだ」と言いながら，本書の最終章において，やはりこのような話を持ち出さずにいられない自分に苦笑している．

ゾウリムシの老死

ゾウリムシが「寿命をもつ」ということは，「分裂限界がある」ということである．ヨツヒメゾウリムシは約300回，カウダーツムは約600回の分裂限界をもつ．一方，バクテリアには分裂限界がない．なぜ寿命をもたない生物と寿命をもつ生物がいるのか，なぜ同属異種間（ヨツヒメゾウリムシ vs. カウダーツム）で寿命に倍の違いがあるのか，そもそも大腸菌サイズの細胞でも144回分裂で地球を埋め尽くすほどの数になることを思うと，10万倍の

第VII章 老死の誕生と抑制系の進化 277

サイズのカウダーツムの600回分裂という分裂限界にどういう意味があるのか，といったごく基本的な問題にさえ，まだ納得のゆく解答が得られていない．

「分裂限界に至る」すなわち「寿命が尽きる」のは突然のできごとではなく，必ず先行する老化過程がある．老化に続く死を"老死"と呼び，老化を伴わない突然の死を"事故死"と呼ぶ．

ゾウリムシ（カウダーツム）の老死に先行する老化過程は，より早期に出現する特徴と，より後期に出現する特徴がほぼ決まっていて，次の4段階に分けることができる．

1）　分裂の同調性の乱れ
2）　分裂速度の低下
3）　大核DNA量の減少と大核の不等分配
4）　分裂異常の出現

1）は，1匹のゾウリムシが分裂して生じた2細胞が，同じタイミングで次の分裂に入るため，単離した1匹のゾウリムシが翌日には4匹または8匹または16匹と，2^n 数を生じることになる．有性生殖後約100回分裂齢の頃から同調性が乱れはじめ，翌日の細胞数として，2の倍数でない3・5・6・7匹といった数が目立つようになってきた．

2）は，クローン間の差が大きく，あるクローンでは100回分裂齢の頃から，別のクローンでは200回分裂齢の頃から分裂速度の低下が見られた．

3）は，1）・2）・4）と同じカウダーツムが材料ではあるが，他の三つの兆候を見た実験とは別の実験で明らかになった．当時

修士院生の金澤修子さん（現姓：長瀬）が，若齢期と老齢期のゾウリムシについて，フォイルゲン染色した細胞の大核DNA量を顕微測光法で比較した．Olympus MMSPという大型機器を使った波長565 nmのスポットライト（直径2 μm）のスキャニングによる測光である．分裂直後の二つの娘細胞のうち，大核DNA量を多く受け取った細胞（A）と少なく受け取った細胞（B）の平均値は，若齢期ではA：B＝116：105とほぼ等分されていたのが，老齢期ではA：B＝70：42と，大核DNA量の減少に加え，配分に大きな偏りを生じることがわかった（Takagi & Kanazawa, 1982）．

　4）に関して，図38に代表的な事例を示した．30年以上前の記録であるが，老化の進んだゾウリムシの姿を見た人は専門家の間でも稀だと思われるので，ここに再掲させていただく．

　約600回分裂の寿命をもつカウダーツムの一生の後半350〜400回分裂齢の頃から，形態異常の細胞がポツリポツリと出現し始める．異常の程度は比較的軽く，例えば二分裂時に細胞も大核も見かけ上均等に分裂し分配されるが，娘細胞が分裂しきらないで細胞がつながったまま2連体・4連体になるような異常である（図38D, F）．連体から離れてフリーになった細胞の中には，そのまま正常な分裂を数回続けられるものがある．

　分裂齢の進行とともに異常体の出現頻度が高くなり異常の程度も進む．不均等な細胞分裂のあと不分離の2連体になる場合や（図38A），細胞分裂は均等なのに大核の分配が不均等なために，細胞当り1大核であるべき娘細胞が，一方は無大核，他方には2大核が含まれるような2連体，4連体になる場合が増えてくる（図

第Ⅶ章 老死の誕生と抑制系の進化　279

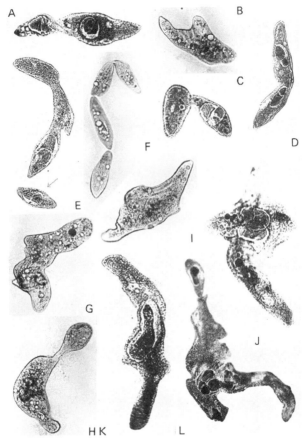

図38 ●老齢期のカウダーツムに見られる分裂異常．A：大小に不均等分裂した不分離細胞（アセトカーミン染色）．B：腹部膨潤（生細胞）．C：不均等分配された大核をもつ不分離細胞（左は無大核，右は重複大核）（染色）．D：均等分裂・不分離（染色）．E：無大核（上から2番目）と重複大核（3番目と，染色時に最上部から離れた細胞）からなる4連細胞（染色）．F：正常形態の4連細胞（生）．G-I：形態異常細胞（生）．J-L：強度の形態異常細胞（染色）．(Takagi & Yoshida, 1980)

38C, E）．細胞内部の構造異常を思わせる変形細胞（図 38B, G, H, I）や，モンスターと呼んでいた極端な異常（図 38J, K, L）が出現するとクローンの終末である．

　このような「分裂異常」を伴う「分裂不能」が，十分な餌に囲まれて細胞分裂を繰り返した後の臨終，すなわち「寿命」の終点としての「死」の姿である．実を言うと，この写真を撮った当時30代後半であった私は，ゾウリムシの死に様を，正直に言って「醜い」と思っていた．今，同じ写真を前にしている70代後半の私は，このゾウリムシの姿を「荘厳」と感じている．"いのち"の限界がセットされているというのは進化の証だとしても，最後の最後まで「分裂せずにおくものか」というゾウリムシの意思のようなものを感じさせるからである．

　この写真は，細胞の基本的な姿は「暴走性」であり，進化したのは「抑制系」であるということを，ゾウリムシが身をもって示してくれているように思えるのである．

ゾウリムシの事故死

　私は定年退職間近になって，ゾウリムシの別な死に方──事故死──について無知であることを自覚し，「圧力下でのゾウリムシの死」について研究し，現役時代の最後の論文を書いた（Takagi et al., 2005）．

　ゾウリムシが泳いでいる液を 1 滴スライドグラスにとって，そっとカバーグラスをかけ，顕微鏡下で観察する．しばらくは活発に泳ぎ回っているが，乾燥して液が少なくなると，カバーグラ

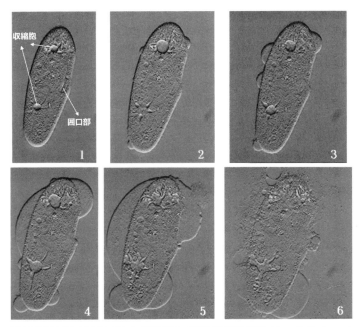

図39 ●圧力下でのゾウリムシの死に方．説明は本文を参照（Jpn. J. Protozool. 2005, Vol. 38, p.156. Fig.1 より転載）．

スの重み（と表面張力の圧力）でゾウリムシの動きが止まり，繊毛を打つ様子や収縮胞が開閉する様子がよく観察できる．写真では繊毛の動きは見えないが，前後に二つある収縮胞のうち前方収縮胞（写真の下方）の開閉が，図39-1，2，3から推測できる．観察を続けると，細胞表面の一部に空胞状の突起ができ（図39-2，3），あちこちでできた突起が連なり大きくなり，体の半分が膜で覆われたようになる（図39-4）．そうなると前後の収縮胞が独立に収縮を停止するが，繊毛はなお激しく打っている．収

縮胞をはじめ細胞内の液胞が破壊し細胞が変形する段階になっても，限られた一部の繊毛はなお動いている（図39-5，6）．繊毛の動きが止まったときが死であった．

　こうした細胞死の様子は，学生と一緒に，条件を揃えて各自100例，直接に観察した結果である．前後二つの収縮胞の収縮回数の変化などはビデオ記録の映像によった．

　様々な細胞器官がどのような順序で死に至るかだけでなく，死ぬ瞬間のゾウリムシにかかる圧力についても調べた．物理学教室の狐崎創さんの協力のもと計算式をつくり，800〜1,000気圧という推定値を得た．この結果は，立命館大学の谷口吉広さんが，自作のダイヤモンドチェンバーを使った圧縮装置で得ていた値と見事に一致した．単細胞の裸のゾウリムシが，深海底の圧力にまで耐えられるというのは驚きだった．

　ゾウリムシの標本づくり法としてよく知られているやり方として，ゾウリムシを含む液を1滴スライドグラスに置いて，ドライアーで乾燥させると，ゾウリムシは多少の変形はするがほぼ元のままの形で「乾燥死」する．いわば図39-1の状態を永続させられる．「圧力死」は死体を残さないのに，「乾燥死」は死体を残す死に方なのだというのは，ゾウリムシ研究者なら誰でもよく知っていることなのに，その時の私は「発見」したような思いに耽っていたことを思い出す．

　別な死に方，例えば「高温・低温下での死」，「飢餓死」，「毒物・高濃度化学試薬による死」等々の死体の様子についても調べようと思っていたが，果たすことなく定年を迎えた．

第Ⅶ章　老死の誕生と抑制系の進化　　283

　図 39 を見た人から「研究とはいえ，何という残酷なことをするのか」と非難の声が上がるかもしれない．ゾウリムシに限らず，生物学や医学の研究には，実験用の生物に死を強いることが少なくない．不必要に生物を殺すことに非をとなえるのは当然であるが，「生物の死」に過度な同情を寄せるのは独りよがりに過ぎない．人は他の生物を「食べる（殺す）」ことなく生きることはできないのだから．

　マウスの実験室でも，ゾウリムシの実験室でも，飼育生物を死なずに飼い続けるとしたら，瞬く間に生物の収納場所が無くなってしまう．実験室の生物に限らず，生物が死ぬことなく生き続けるとしたら，地球はあっという間に生物で足の踏み場もなくなり，いずれ共倒れの全滅ということになってしまうだろう．「増殖する」ことが不可欠要因である生物にとって，「死」もまた，生物にとっての不可欠要因なのである．

4 ｜ 進化したのは抑制系

　本書では専ら「細胞」を基礎に "いのち" のつなぎ方について考えてきた．

　"いのち" の不思議を考え，様々な問いを発しているうちに，この不思議とあの不思議とがつながっていたのかと驚くことがある．無関係と思っていた事象がつながっていると知るのは，わかるということの一つの形だろう．

　一方で，まったく不思議と思わなかったこと，ごく当り前の常

識と思っていたことが，思いがけない不思議をはらんでいることに気づくことがある．

　ここで言う「常識」とは次のようなことだ．

　◎細胞は細胞から細胞分裂によって"いのち"をつなぐ．
　◎"いのち"の設計図はDNAに四つの塩基配列として書かれていて，
　◎RNAを介して20のアミノ酸からなるタンパク質に変換される．

　この，誰もが熟知しているごく当り前の生物学の基本原理が，実は「暴走性」ではないかと気づいたのである．

　●細胞は分裂により2のn乗（2^n）の数をもたらす．
　●DNA・RNAは4のn乗（$4^n = 22^n$）の情報量をもつ．
　●タンパク質は20のn乗（$20^n = 2^n \times 10^n$）の機能量をもつ．

　2のn乗という数が，nが数百のとき，どれほど膨大な数になるかは，いやというほど知った．DNA・RNA・タンパク質で，nが1,000のオーダーになることは珍しくない．2の1,000乗，すなわち10の300乗という数は，10^{68}を表す「無量大数」（28頁）を4回掛け合わせた数 $10^{68} \times 10^{68} \times 10^{68} \times 10^{68} = 10^{272}$ よりもさらに大きく，無限という他ない．

　細胞分裂によってこれまでもたらされてきた細胞数はいかほどだろうか．誕生以来今日まで38億年間分裂のみで"いのち"をつないできた原核生物を思うと，2のn乗（2^n）のnの値は兆のオーダーとみてもおかしくない．これはもう何をか言わんやであ

る.

　原核生物の生存戦略は，２のｎ乗で増える細胞分裂の暴走性をそのまま取り入れる形で，生も死も自然のもたらす偶然性に委ねることであった．１倍体で小さなゲノムサイズ・細胞サイズを保持し続けることで，より速く・より多くのコピーを作ることを特徴とする原核細胞（＝原核生物）は，細胞分裂（無性生殖）を無限に続けることができた．死は「事故死」に限られ，「仕組まれた寿命」という形での死はないという意味で，原則的に「不死の生物」である．いや，地球規模の大事故によって生物が全滅したように見える時でも，原核細胞はどこかに残っていて，“いのち”をつないでゆくだろう．

　繰り返し述べてきたように，ポテンシャルとしては，１個の原核細胞が２日間で地球を埋め尽くすほどの数になるのが，2^n という指数関数的増殖様式である．彼らにとって何らかの事故による他者の死が無ければ，自己の「生」をつなぐ場所（ニッチ）が無くなってしまう．すなわち他者の死は自己の「生」にとっての必要条件とさえ言える．

　１倍体の原核細胞にとって，突然変異による遺伝子型の変化は，即表現型の変化として“自然淘汰（自然選択）”に晒される．ここで生き延びるのは，事故を免れた偶然の「生」もあるが，多くは今いる環境条件でより適応的であると判定された必然の「生」，もしくは新規の「生」と言えよう．このようにして，それぞれの環境でより適応的な細胞が生き残り，生き残った細胞がさらにまた突然変異を繰り返し，次から次へと新しい「生」をうみだしてきた．

暴走原理の抑制法

　"いのち"をつなぐ「細胞分裂」と、"いのち"を実践する「DNA・タンパク質」は、"いのち"の原理的な根幹とも言えるが、その原理的根幹が"暴走性"であるとするなら、逆に"いのち"の実践的な部分は"抑制系"でなくてはならないだろう.

　細胞分裂の 2^n の原理的暴走性は、低温，餌の不足，被捕食などの自然要因だけでなく，分裂様式の変更（分裂停止，アポトーシスを含む），細胞周期のチェックポイント（分裂過程を M 期・G_1期・S 期・G_2期に分け，各期の通過に設けられた検問），分裂制限機構，"老死"に導く仕組み，等々によって実践的に抑制されると考えられるが，DNA・RNA の 4^n，タンパク質の 20^n の原理的暴走性はどのように抑制されているのだろうか？

　様々な生物が現実に使っているそれぞれの DNA・RNA・タンパク質の配列は，無限にありうる DNA や RNA の塩基配列，タンパク質のアミノ酸配列の中から，原則としてただ一つの特定配列だけに限っている．このような限定は他の可能性の「抑制」とも言えるのではないか，というのがここで取り上げる理由である.

　細胞では，DNA の遺伝情報が選択的に RNA に転写され，編集された最終情報がタンパク質に翻訳されて"いのち"が演じられている．この「DNA ⇒ RNA ⇒ タンパク質」という情報の流れ（セントラルドグマ）が，いつどのようにして確立されたのか，という問題は今日でも論争の的になっている.

　セントラルドグマの流れがそのまま情報系確立の歴史を反映しているとはだれも考えていない．初期地球で RNA が DNA に先

行しただろうことについては誰にも異論がないからだ．問題は
RNA が先行したか，タンパク質が先行したかに絞られる．世界
の大多数は「RNA ワールド仮説」を支持しているのが，この分
野の現況である．

　支持の理由として三つが挙げられよう．第一の最大の理由は，
RNA は自己複製のできる情報分子であるだけでなく，部分的で
はあるが触媒作用ももっているが，タンパク質は触媒機能だけで
自己複製能を全く持たないことである．第二に，「タンパク質 ⇒
RNA」という流れは，今日否定されている「獲得形質の遺伝」
を意味するからだ．第三の理由は憶測だが，RNA とタンパク質
の関係は，設計図と建造物の関係，ないし脚本と演劇の関係のよ
うに思えるので，設計図ないし脚本が先行するのは自明のように
考えるせいではなかろうか．

　上記の議論は，現在の RNA の姿をそのまま細胞の出現した当
時の状況に当てはめようとしているが，現在の RNA のもつごく
限定的な触媒機能では，初期地球で生命を生み出すのに必要とさ
れる創造的な分子機能を期待することはできそうにない．

　RNA とタンパク質が，設計図と建造物もしくは脚本と演劇の
関係にあるとしても，初期地球では設計図や脚本などは一切なく，
まずは建物や演劇に相当する現実が先行したと見るのが合理的
だ．

　そのような初期地球で起こりうる現実的姿を見事に描いて見せ
たのが，「池原 GADV 仮説」，すなわち「タンパク質ワールド仮説」
である．

　グリシン，アラニン，アスパラギン酸，バリンの 4 アミノ酸が

288 第Ⅲ部 「老死」の進化

まず存在したとする前提には無理がない．4アミノ酸がランダム
にn個連なったタンパク質は4^n種類（nを少な目に20としても1
兆種類）ありうるが，この4アミノ酸はどんな順序で重合しても，
水溶性で球状の構造を，それもいくらか柔らかな構造のものを，
何度でも形成できる（タンパク質の疑似複製）という発見が，凄い．

　いったん触媒作用をもつタンパク質ができると，新しいアミノ
酸やRNAができやすくなる．新たに，グルタミン酸，ロイシン，
プロリン，ヒスチジン，アルギニン，グルタミンの6アミノ酸が
加わって10種類のアミノ酸世界が出現し，それが現在の20種類
のアミノ酸世界に拡大する中で，現在の普遍暗号表が完成したと
見る．無限に近い可能なタンパク質の中から，どれか一つのアミ
ノ酸配列がRNA（のちにDNA）の塩基配列に固定され，遺伝子
として転写・翻訳系を通じてのみタンパク質がつくられる段階へ
と変化した．

　多様な現実の中から，選ばれて有効と判定されたものが次の進
歩のための鋳型となるというのが進化である．最初に「これは使
える」という「形質としてのタンパク質」が選択され，「それを
保持するための情報分子」としての遺伝子ができたと考えると，
情報分子の無限性はその時点で制約を受けることになる．

　このように「タンパク質 ⇒ RNA（DNA）」がまず生じ，「RNA
（DNA）⇒ タンパク質」の形で同じタンパク質が安定的に供給さ
れる現在のシステムが成立した．この遺伝情報系の進化史は，「無
限の可能性」を「特定の一つ」に限定することであり，それはま
さに「抑制系の進化」の象徴的な出来事であったように思える．

　生命システムの進化は，多くの可能性の中から「選ぶ」ことで

第Ⅶ章　老死の誕生と抑制系の進化　289

あり，いったん選んだあとは，それを「守り」，それを「有効に利用し続ける」ことである．利用しやすい可能性が選択的に選び続けられるというのが，自然淘汰（自然選択）ということだろう．

　例えばホメオティック遺伝子（ホックス遺伝子群;20頁）は，いったんこれは使えるということで祖先動物で発明されると，そこから分岐するあらゆる動物門の動物たちがすべてそれを利用する．新口動物と後口動物，無脊椎動物と脊椎動物のように，ボディ・プランが根本的に異なる動物群で，「選ばれたホックス遺伝子にこだわり」，それを「有効に利用し続ける」のである．

　ダーウィンが自らの学説を「自然淘汰による変化を伴う継承の理論」と呼んだことは何度も触れた．今日われわれは彼の学説を「進化論」と呼んでいるが，進化の本義は「変化」であって，高度化，複雑化を意味するものではない．かと言って「変化」を強調しすぎるのも問題がある．次世代に継承されるのは「変化したもの」よりも，「変化しないもの」の方が圧倒的に多いからである．「変化しないもの」の実体は，すでに「自然淘汰されて継承されてきたもの」だからである．細胞の"いのち"のあり方は，基本的にはほとんど変化していないのである．突然変異は進化の原動力なのだから，より速くより多くの突然変異を促すように進化したかというと，むしろ修復機構をより発達させる方向に進化してきた．「進化したのは抑制系」という表現の中には，そのイメージも含まれている．

　「抑制」は「できるのにしない」ことをも意味する．原核細胞は餌が十分にあるという条件があれば「分裂する」が，真核細胞は餌が十分にあっても「分裂しないでいられる」．ブレーキをも

290 第Ⅲ部 「老死」の進化

たない車とブレーキをもつ車の違いだ．進化はブレーキを備える方向に進んだのである．

　個体の一生が老化・死で終わる抑制系であることを選んだヒトの進化史に反発して，不老不死を願うのは愚かしい．ヒトは，プラナリア，アメーバ，バクテリアと違って，「死ぬことができるように進化した」のである．

　今私には，俳句の世界に住む原核生物の声が聞こえる．

　　「羨まし　生まれて生きて　死ねること」

コラム⓫ — 自然淘汰 vs. 自然選択 —
column

　ダーウィンの natural selection の日本語訳として，「自然淘汰」とするか「自然選択」とするかで随分悩んだ．本書では，原稿を執筆し始めた頃には「自然淘汰」としていたのを，あるきっかけで「自然選択」に改め，最終的に「自然淘汰（自然選択）」と併記することにした．そうなった経緯について触れておきたい．

　辞書で「自然淘汰」を引けば「自然選択」に同じ，「自然選択」を引けば「自然淘汰」に同じとあり，特にどちらかにこだわる必要は無さそうに思える．

　進化論関係の著名な翻訳者として，垂水雄二氏と渡辺政隆氏が「自然淘汰」派であるのと対照的に，八杉竜一氏と長野敬氏は「自然選択」派である．進化論者と言えば駒井卓，今西錦司，徳田御稔，木村資生，大野乾，太田朋子といった方々が頭に浮かぶが，すべて「自然淘汰」派である．岩波の『生物学辞典』（第4版）でも，見出しに使っているのは「自然淘汰」だ．しかし長野敬，柴谷篤弘，養老

第VII章 老死の誕生と抑制系の進化 291

孟司の3氏が編集された『講座 進化』全7巻（東京大学出版会）では，「自然選択」が使われている．日本進化学会が編集した『進化学事典』（共立出版）では，171名の執筆者のうち問題の用語が使われている事項を担当しているのは11名で，4名が「自然淘汰」派，6名が「自然選択」派である．残りの1名は，同じ項目中で二つの訳語を混在させている．同じ二つの訳語を使っても「自然選択（自然淘汰）」または「自然淘汰（自然選択）」という書き方とは違う．

　どちらでもいいなら「自然淘汰」をと思ってきたのは，我国第一級の科学ジャーナリストで，特に進化論に造詣の深い垂水雄二氏が，「自然選択」ではなく「自然淘汰」を使うべしと力説していることを知っているからである．私にとって氏は大学院時代の同期生として旧友である以上に畏友である．氏の40冊近い翻訳本と自著を出版されるたびに贈呈されてきた私が，彼の説得力のある主張に敬意を払うのは自然の成り行きであった．

　垂水氏は自著『悩ましい翻訳語』で，「自然淘汰」を使う理由を丁寧に説明している．その中で，「淘汰」の字が，1981年に告示された常用漢字表に含まれなかったために「自然選択」への言い換えが推奨されるようになった経緯を語りながらも，「自然淘汰」は歴史的に定着した訳語であり，先取権という観点からも明確な根拠が無ければ変えるべきでないと釘を刺す．ダーウィン自身 selection を sort out「篩い分け」の意味で使っている原文を指摘し，「自然淘汰」の訳語がふさわしいと説く．なぜなら，「淘汰」は良いものを選び悪いものを除去する意味であることを，諸橋轍次『大漢和辞典』，大槻文彦『大言海』，そして『唐詩選国字解』なども引用して示し，逆に「選択」は良いものだけを選ぶ場合にしか適合しないから適切でないと，明快である．さらに，ワープロの普及によって漢字制限が無意味になってきたことに加えて，進化生態学において「配偶者選択」と「性淘汰」という用語が使い分けられるようになって

きたことが指摘され，「淘汰」を残すことの意義を語る．

　ところが驚いたことに（私自身最近になって気づいたのだが），『広辞苑』（第4版）によると，「淘汰」は「篩い分け」を意味しないというのである．『広辞苑』で「篩い分ける」を見ると，「篩にかけてより分ける」こと，「良し悪しを選別する」こととあるのに対し，同じ『広辞苑』で「淘汰」を見ると，次のように記されている．

① 不要の物を除き去ること．不適当の者を排除すること．
② ［生］（selection）環境・条件などに適応するものが残存し，そうでないものが死滅する現象．選択．→「自然淘汰」→「人為淘汰」

　進化論での「淘汰」は，上記②の意味であることは明白なので，専門家の間での話なら「自然淘汰」に何の問題もない．しかし広く一般の人たちに進化論を紹介する中で「淘汰」と言えば，多くの人は①の意味で受け止めるとなると，ダメな者，劣った者，適応能力に欠けた者は排除されると教えるのが，進化論の「自然淘汰」なのだと理解されかねないことになり，これはとんでもない話だ．

　このことが本書執筆中に「自然淘汰」を「自然選択」に改めた理由であった．

　それにしても，『広辞苑』が，「篩い分ける」を取捨選択の両義に解しながら，「淘汰」には捨てる意味しかないとし，「自然淘汰」になると両義を認めるというのは，何とも腑に落ちない．辞書は現代人の言葉の用法に従っているのだと言うなら，『広辞苑』の編集陣は「淘汰」を「篩い分ける」と理解している我々の世代の存在は無視しているということかと，安易に「自然選択」に改めてしまうことに抵抗を感じた．垂水氏の上記の本を再読・再考の末，やはり「自然淘汰」を優先すべしと，「自然淘汰（自然選択）」という折衷的な両語併記を選ぶことになった．「自然選択」を残した理由は以下の

第Ⅶ章　老死の誕生と抑制系の進化　293

通りである.

　artificial selection については，それを「人為淘汰」と訳そうが「人為選択」と訳そうが，「淘汰」または「選択」の主体が「人間」であることは明瞭である. ところが natural selection になると，主体が何なのかが不明瞭になる.

　ある自然環境に適応できた生物は生き残り，適応できなかった生物は排除されるという現象を「自然淘汰」と表現すると，篩い分けられる生物の側から見た受動的な視点が強調される. 一方「自然選択」と表現すると，篩い分ける主体が「自然環境」であることに重点を置く能動的な視点が強調される. 私が「自然選択」を捨て去ることができないのは，主体の能動性が，現象への深入りを促すことにつながるという思いがあるからだ.

　生存・排除の結果を導く主体は，自然「環境」だけでなく，現実には自然の一部である「生物」も含まれる. 例えば，ある物理的自然環境に適応できなかった生物は，不適者としてその場所から放逐されるかもしれないが，追い出されて敗者に見えた生物が，その生物にとっての適応的環境を「選ぶ」ことができれば，適者になる. 砂漠に棲む生物や暗闇の洞窟に棲む生物は，そこを「選ぶ」ことによって生き残った成功者と言える.「自然選択」という訳語が「自然環境が，適応した生物を選ぶ」ことだけでなく，「自然の一部としての生物が，適応できる環境を選ぶ」ことも表現しうることが，捨てきれない理由である.

　暗闇の洞窟に棲む生物が，視覚へのエネルギー投資を捨てて嗅覚や触覚の先鋭化に使うことができるのは，内在的「選択」と見ることができる. 本書第Ⅱ章5節で述べた「エネルギー配分の最適化戦略」というのは，「自然選択」を可能にしている内在的なメカニズムの一つと言えよう.

　一方，「適者生存」は「選択」の結果ではなく，専ら「偶然」（専

門用語では「遺伝的浮動」）の結果だとみなすのが集団遺伝学の中立説であり，この場合には「自然選択」ではなく「自然淘汰」の方がふさわしく思える．

　以上，妥協的な対処法が好ましいとは思わないが，「自然淘汰（自然選択）」という併記を採用した所以である（同じ項目中に登場する回数が1回のみの場合と，2回以上登場する初出では「自然淘汰（自然選択）」と併記し，あとは単独に「自然淘汰」とした）．

おわりに（般若心経と進化論）

　私の生地は徳島県・阿波・お遍路の国・般若心経を暗唱できる人が大勢いる土地である．定年退職後に，四国八十八ケ所の歩き遍路をやってみようと思ったのは，地元だのに遍路について何も知らないこと，時間の余裕が出来たこと，トレッキングの場として理想的に思えたことなどによるが，般若心経への関心もあった．というのは「寿命とは何か？」「なぜ寿命があるのか？」「有性生殖の意味は？」といったことを考えていた私にとって，「不生不滅」「無老死」「無老死尽」といった般若心経の文言が気掛かりでならなかったからである．しかし各寺の本堂と大師堂の前で般若心経を読唱し，88カ寺を一周した後も，意味を理解することはおろか，暗唱するにも至らなかった．そうなると，いよいよ無視できなくなった，という次第である．

　般若心経は全278文字から成るが，「無」が22回，「不」が9回，「空」が7回使われている．「無」の位置を（できるだけ）揃え，43列に箇条書きにするなど，般若心経を以下のように表記して，意味を読み取りやすくする試みを行った．

　般若心経の構成は，1〜3列の短いイントロの後に，4・5列に結論が述べられ，6〜29列がその意味を解き明かした本文で，30列以下は「般若心経讃歌」だと見た．本稿では29列までを考察の対象とした．本考察は，仏教に無学の一生物学徒が般若心経

を読んだとき，どのように「解釈」出来たかを述べたもので，「解説」とは無縁であることをお断りしておく．

1　仏説魔訶般若波羅蜜多心経

2　観自在菩薩行深般若波羅蜜多時

3　照見五蘊皆空度一切苦厄舎利子

4　色不異空　空不異色

5　色即是空　空即是色

6　受想行識亦復如是　舎利子

7　是諸法空相

8　不生不滅

9　不垢不浄

10　不増不滅

11　是故空中無色

12　無受想行識

13　無眼耳鼻舌身意

14　無色声香味触法

15　無眼界

16　乃至無意識界

17　無無明

18　亦無無明尽

19　乃至無老死

20　亦無老死尽

21　無苦集滅道

22　無智

23　亦無得

24　以無所得故

25　菩提薩埵依般若波羅蜜多故

26　心無罣礙

27　無罣礙故

28　無有恐怖遠離一切

29　顛倒無想

30　究竟涅槃三世諸仏

31　依般若波羅蜜多故

32　得阿耨多羅三藐三菩提故

33　知般若波羅蜜多

34　是大神呪

35　是大明呪

36　是無上呪

37　是無等等呪

38　能除一切苦真実不虚故

39　説般若波羅蜜多呪

40　即説呪曰

41　羯諦羯諦波羅羯諦

42　波羅僧羯諦菩提薩婆訶

43　般若心経

おわりに　297

　まず「色」が何を意味するかを探ってみた.

　13 列と 14 列に,「無眼耳鼻舌身意」と「無色声香味触法」が
併記されることによって,眼＝色,耳＝声,鼻＝香,舌＝味,身
＝触,意＝法の対応が読み取れる. しかし「色」が「眼」だけ
を,「法」が「意」だけを指しているのではなく複数の広い対象
を含むことは,直後の 15 列に「眼界」とあり,16 列に「意識
界」とあることや,意＝法である「法」を 7 列で「諸法」と表記
していることからも読みとれる.

　現実にも,「色」は視覚・聴覚・嗅覚・味覚・触覚・知覚の六
覚すべてに対応しうる.「視覚」を超越した「眼力」という言葉
があるように,「眼」は,口ほどにものを言い,耳ほどに聞き取
り,鼻ほどに嗅ぎ取り,舌や体ほどに感じ取る. 耳・鼻・舌・
身・意が捉えたモノやコトも,表情や動作を介して視覚により感
知されるからだ.

　6 列の「受想行識亦復如是」は,「受想」も「行識」も,「色」
と同様「空」であると言っている. 想像・思想・感想・瞑想など
を含意する「想」や,意識・知識・見識・常識などを含意する
「識」は,先ほど述べた「法＝意」と同義とみなされるので,法
＝意＝想＝識の関連が示されるだけでなく,これらはすべて
「色」であると見なされる. すなわち「色」が意味するものは,
物理的なモノやコトだけでなく,精神的な働きである人間の想念
も含まれていることがわかる.「色」とは,「この世に在るすべて
のモノやコト」であり,「人が意識するすべてのモノやコト」と
解しうる.

　その「色」がすべて「空」である,というのが般若心経の結

論,「色即是空」ということなのだが,「この世に在る,人が意識する,モノやコトはすべて「空」である」というのはどういうことなのだろうか.「空」は「色」を否定する語であり,「色」が「不」や「無」の対象でもあることから,「この世に在るものは無い」という言語矛盾に思えるのだが,これをどう理解すべきなのだろうか.

私は般若心経を43列の分かち書きにしたことによって,般若心経の論理展開には少なくとも三つの特徴があることに気づいた.

一つは,4・5列で「色即是空」を「空即是色」と対で使うだけでなく「色不異空」とも「空不異色」とも言い換える念押しの徹底ぶりである.

二つ目は,8〜10列の「不A不B」が7列の「是諸法空相」という前提の下で語られていることである.

そして三つ目は,12〜24列の「無A,無B,無C・・・・」が11列の「是故空中無色」という前提の下で語られていることである.

4・5列の徹底した念押しは,読む者の想像力を広げてくれる.「この世に在る(有る)と思っているモノやコトは実は無い」と1回で言い切るのではなく,別な表現をすることで「この世に無いと見えているモノやコトも実は在る」「在るというコトと無いというコトは同じコトの異なる位相である」「無いというコトは在るというコトの別側面なのだ」といった解釈を喚起させるのである.

話が脱線するが,私の幼少年時代を通じての育ての親であった

おわりに　299

　祖母は，尋常小学校卒の学歴しかなかったが，般若心経の難解な言葉を淀みなく口にしていた．「悪いことをしたらあかんでよ．ずるいことをしたらあかんでよ．誰も見とらんと思うとっても　な，必ずお大師さんが見とるけんな」と諭すのが口癖だった．今になって，「誰も見ていないと思っていても，実は弘法大師が見ている」というのは，「空不異色」に他ならぬではないかと驚いている．高野山の奥の院では，今も弘法大師が生存しているとして毎日食事を供えるそうだが，それも「空不異色」・「空即是色」の表現なのかと，祖母に教えられた気がする．

　8〜10列の「不生不滅」「不垢不浄」「不増不滅」は，7列の「是諸法空相」を受けたかたちになっている．「是諸法空相」は，「法」＝「色」が「空」の位相をとりうることを示していて，ここでは「色が空の位相にあるとき」と読める．「色」が「空」の位相をとりうるということは，あらゆるモノやコトは，常に在るのではなく，時間と空間に応じて変幻自在に「有」であったり「無」であったりしうるのだということだろう．絶対的存在を否定し相対的存在を示唆するのが般若心経の教えであると理解する．

　したがって「不A不B」は，「Aという事象もBという事象も，ともに無い」という読み方ではなく，「Aというコトが無ければ，Bというコトも無い」という解釈をとりたい．「不生不滅」，「不垢不浄」，「不増不滅」はそれぞれ，「生まれる」というコトがなければ「滅ぶ」というコトもない，「汚れる」というコトがなければ「清まる」というコトもない，「増す」というコトが無ければ「減る」というコトもない，と解する．

12列から28列までの延々と続く「無A」「無B」「無C」・・・もまた，11列の「是故空中無色」を受けたかたちになっていることに注目したい．A・B・C・・・の様々な「色」も，「空」の位相では「無色」と表現できるということだろう．

　空を仰ぐと青空が有る．雲が出ると青空は無く，夜の空にも青空は無い．

　夜の空には星空が有る．雲が出ると星空は無く，昼の空にも星空は無い．

　青空も星空も，「有る」のも事実，「無い」のも事実．この世のあらゆる事物・現象は「有り続ける」ということが「ありえない」．「有る」と「無い」が絶えず時間・空間の位相を変えることによって，姿を変え存在様式を変化させている．「有る」か「無い」かの違いは，相対的なものであって，絶対的なものではない．

　昼間の時間に，この場所で，顔を上げると青空が有るとしても，時間の位相が夜に変われば青空は無く，空間の位相が地球の裏側に変われば，やはり青空は無い．

　青空や星空のような，私たちの日常の中では間違いなく存在する事象を「無い」と表現するのが般若心経である．そう表現できるのは，「無い」というのが存在自体の否定ではなく，存在の絶対性の否定だからであろう．存在の絶対性が否定される「空相」という位相を気づかせることによって，あらゆる事象が「有る」こともあれば「無い」こともあるような存在であることを教えているのだろう．

　それにしても，19列に「無老死」と明言されていることは，

おわりに　301

「ヒトにとって老死は不可避である」とする生物学的認識と矛盾する表現として看過できなかった．しかしこれも，「老死というコトは無い」という絶対的表現とは見ないで，「老死の無い時間的・空間的位相がある」という相対的表現だと見れば，8列目に「不生不滅」があって，「生まれるというコトがなければ滅ぶというコトもない」と読んだことと良く対応していることがわかる．

　いったん「無い」を「空相」と捉えてしまえば，絶対的表現に見えていた「老死というコトは無い」という読み方も，位相の問題として相対的な表現に見えてくる．

　「老死の無い時間的位相」が「生」である．生まれてから死ぬまでの「生きている」という時間帯である．その時間帯は，いずれ「老死」によって終わるのだから，「生きている」ことに伴う様々なコト ──「無明」「苦」「智」「得」「罣礙」「恐怖」── は無いに等しい．

　「無老死亦無老死尽」・・・「生命の場」である細胞は老化して死に至るが，死に尽くして生命が終わってしまうということはなく，「有性生殖」という位相転換の仕組みによって，新しい「生命の場」である受精卵細胞に位相を変える．ある個体（親）は別の個体（子）として生き続ける．子供は，孫は，曾孫は，別の姿をした私である．私は，何百年，何千年，何万年前の誰かさんの別の姿である．そのようにしてすべての「私」と「あなた」はつながっている．「私」は可能性としての「あなた」であり，「あなた」は可能性としての「私」である．

　バクテリアのように有性生殖をしない生物では，より適応的なバクテリアが（突然変異により）新規に登場し，既存のバクテリ

アを死に追いやることによってニッチが明け渡される。生と死は
あざなえる縄の如く交互に入れ替わる。一方のより適応的な生が
無ければ他方の死は無く（不生不滅），一方の死が無ければ，他
方が増えるということも無い（不増不減）。ここでの一方の「生」
と他方の「死」の違いは，膨大な遺伝子のごく一部の変化（突然
変異）を反映しているだけで，他のすべての遺伝子は共有してい
るため，「死者の生命」は「生者の生命」に引き継がれている。

　このようにしてヒトの「生命」は決して途切れることなく，果
てしなく続いてきた。それが「老死の無い空間的位相」だと言え
よう。この地球上の様々な空間を様々な生物が一部は重複しなが
ら棲み分けている。それぞれは「別種」であるが，各生物種に特
有のニッチに空間的位相を変えて存在しているだけで，実はすべ
てがつながっている。

　「あなた」や「わたし」という個体が，老死で死に尽くしてし
まうわけではなく，「ヒト」（ホモ・サピエンス）という種として
つながりながら継続している。「ヒト」という種が死に尽くして
しまうこともなく，別種としてつながりながら継続していく。
いったん生命の継続性を把握すると，生命の由来をたどることが
でき，あらゆる生命の共通祖先に行きつくことがわかる。それが
「無老死尽」の究極の意味ではないだろうか。

　先に（236頁）述べたように，ダーウィンは『種の起原』の中
で，自説を「自然淘汰による変化を伴う継承の理論」と呼んでい
る。場所によっては「変化を伴う継承の理論」とか，単に「継承
の理論」と呼ぶこともあるが，「すべての生命はつながっている」
という基本認識が，般若心経の認識と重なっていることに驚きを

禁じ得ない.

あ と が き

　私は日本が太平洋戦争を始めた 1941 年（昭和 16 年）の生まれ
だが，郷里の徳島市が空襲で焼け野原になった 1945 年（昭和 20
年）7 月 3 日にはまだ 3 歳で，焼け出されて住む家がなくなった
ことも，父が徴用されていたことも，妹が 1 歳の誕生日を迎える
前に百日咳で死んだことも，なんにも知らなかった．当時 28 歳
だった母は，姉と私の二人の子供と，夫の両親を抱えて，実家の
ある那賀郡鷲敷町仁宇という山村に疎開した．

　1948 年（昭和 23 年）の 3 月，疎開先の母の許に父がフィリピ
ンで戦死したとの公報が届いた．私は 6 歳になっていたが，顔も
覚えていなかった父の死が何を意味するのかわからなかった．そ
の日，母は本気で一家心中を考えたという話は，ずいぶん後に
なってから知った．

　貧しい母子家庭で育ったはずだが，疎開先での少年時代を貧し
いと思ったことがない．大勢の子供たちが連れ立って，川でウナ
ギを釣り，たんぼでイナゴをとり，山で「こぼち」という仕掛け
を作って野鳥を捕まえ，遊びながら食の足しにしていた．

　散髪屋だった父が復員したときのためにと，疎開のときにもち
出したバリカンとハサミを使って，母は焼け跡近くの神社の境内
で復員兵の散髪奉仕をしていたが，技術を学び免許を取り，やが
て親戚や知り合いの女性たちを集めて「女ばかりの散髪屋」を開

業した．私達子供や祖父母も，小学校3年の半ばまで過ごした疎開先から徳島市に戻ってきた．

それでも私は，中学を終えたあとは働きに出て，一家の生活を支える覚悟をしていたのだが，「高校に行ってもいいよ」と言われた．3歳違いの姉は中学を卒業するとすぐ理容専門学校に進んで母の片腕となったが，この間の経済成長により，私が差別的に優遇されることになった．

高校は元旧制中学の進学校だったが，大学進学は視野になかったため，某宗教団体の高校生部での活動に身を入れていた．

高2だった1959年がダーウィンの『種の起原』出版100年記念の年と知り，所属していた生物クラブで学園祭に「進化論」の展示をやろうと呼びかけ，わからないまま進化論関係の本を読み漁った．

同じ高2のとき，教祖の著作の完結を祝った懸賞論文に応募し，5万円の賞金付きの1等賞を得たことで，その宗教団体では名前が知られるようになった．

その後，母から「大学に行ってもいいよ」と言われたときには，大学に行けるなら郷里を離れてみたいという希望だけが先行して，どうすれば大学に行けるのかという意識が希薄だった．大学だと思って願書を出した先の理事長から，「君が来てくれるのは歓迎だが，やはり大学に行ってしっかり勉強しなさい」という趣旨の手紙をもらって，そこが大学ではなく専門学校だと知るような生徒だった．その理事長は例の宗教団体の関係者で，私の名前を知っていたそうだ．

翌年1年間は大阪の予備校の寮で暮らした．その間に件の宗教

団体の教義に疑問を抱き，葛藤の日々を過ごした末，完全に離脱した．予備校の寮に住まいながら，受験競争からも離脱していたが，幸いにも，富士山の見える大学として選んだ静岡大学が受け入れてくれた．のちの伴侶をはじめ，学問への手がかりや，ゾウリムシとの出会いなど，私の人生のほぼすべての基礎をそこで手にすることができた．大学生になった1961年はアンポ（安保）の余韻が色濃く残っていて政治問題にのめり込んでいたが，3年になって生物学の道に目覚めた．そのあと思いがけない偶然が重なり，京都大学の大学院に進んだ．その経緯については拙著『有性生殖論』の序章に記した．

　京都大学の大学院理学研究科動物学専攻で博士課程に進んだ1967年のあるとき，雑談していたある教師が「そうですか，キミは散髪屋の息子さんですか・・・散髪屋の息子さんが大学院に来るようになったんですねえ」と感慨深く語った．当時の京大動物学専攻の教師や年配の先輩たちは，ほとんどが資産家の御曹司たちで，趣味・興味・余裕で学問を志した人達であった．母親の頑張りによって「散髪屋の息子になることができた」私は，新しい時代の学問を担う研究者としての自覚を促されるとともに，出世や栄華を求めての学問ではない京大スタイルをしっかり受け継がねば，と思った．

　その私が"生老死"を考える研究者になったのは，今振り返ると何か定められた軌道であったような気がしなくもない．

　私が研究材料としてゾウリムシを選んだのは全くの偶然で，ゾウリムシを飼うのに餌としてバクテリアの培養もしなければならないことも，最初から知っていたわけではなかった．ところがこ

の三者が毎日顔を合わせる不可分の関係になってくると，私，ゾウリムシ，バクテリアが，それぞれ＜多細胞真核生物＞，＜単細胞真核生物＞，＜単細胞原核生物＞であるという「違い」を意識しないではいられなくなってきた．一方，生物学の知識を身に着けるほどに，三者に本質的な違いがないことがわかってきた．三者ともに，餌を食わなければ生きていけない．餌の種類は異なるが，それを自分の体に変える代謝の仕組みは共通である．遺伝子を転写・翻訳してタンパク質に変える仕組みも，糖を分解して二酸化炭素 CO_2 と水 H_2O に変える呼吸の仕組みも，その過程でエネルギー ATP を産生する仕組みも，"いのち"の根幹に関わる仕組みには「違い」はないのだと思い知る．「細胞は細胞から」の原理により，三者は共通の祖先につながっていたのだ．

　ところで＜私：ヒト＞には寿命があって，老いて死ぬことが運命づけられているのに＜バクテリア＞には寿命がない．では＜単細胞＞であることでバクテリアと共通し，＜真核生物＞であることでヒトと共通する＜ゾウリムシ＞はどうかというと，ヒト同様老いて死ぬことがわかった．こうして＜ヒト＞と＜ゾウリムシ＞が共有している特性が＜真核生物＞であり＜有性生殖＞であることを認識することで，有性生殖の意味を探ることになったのであった．

　本書に展開した議論の多くは，自ら疑問に思った課題について，非力ではあっても自らの能力で納得のいく解を得たいという真摯な思いで向き合ってきたものである．不完全だったり，間違っていたりすることも少なからず含まれているかもしれないが，完全な解答などない世界では，誰もがそのようにして自ら最

あとがき　309

善と思える答案を書くより他ない．何よりも，これから研究を始めようとしている若い研究者に，自ら考えることの喜びを共有してもらいたいと願っている．

本書の原型となった最初の本は，現役時代の1993年に出版している．その後，2009年と2014年に，テーマを絞った本を書いた．この25年間，私の主張の骨子は変化していないので，どの本を読んでも同じことが書いてあるように見えなくもない．ただ，主張に対する根拠が広がり深まってきたことで，学術選書として刊行されることになった．このことは，何十年後になっても，「こんなことを考えていた人がいたんだ」と気づいてもらえる機会を得たということで，たいへん有難く幸せなことだと思っている．

この幸せが現実のものとなりえたのは，かつての勤務先の同じ研究室で共に研究に励んだ元学生諸君はもちろん，同じ大学の教師・職員・学生の皆さん，諸学会の同学の士，小・中・高・大学・院の旧友たち，様々な集会でご縁を得た仲間たち，そして家族をはじめ親族など，多くの方々からの温かい励ましとご支援のお陰である．感謝の念に堪えない．

特に次の三氏からは本書の原稿執筆過程で直接のご指導をいただいた．

奈良女子大学時代の同僚であり，定年退職後は放送大学奈良学習センター所長を経て現在 G&L 共生研究所を主宰しておられる池原健二さんは，本書で紹介した「GADV 仮説」の提唱者であり，関連部分の原稿を読んで懇切なアドバイスをいただいた．

京都府立医科大学助手に赴任したときからの友人で，産業医の

草分けの一人であり元パナソニック産業保健センター長の山田誠二さんには，本書の原稿を書き始めた段階でのアドバイザーとして沢山の有益なコメントをいただいた．

日本基礎老化学会の重鎮（元会長，名誉会員）で，順天堂大学大学院客員教授の後藤佐多良さんには，学問的議論の相手役としてだけでなく，原稿を更新するたびに，全体の細部にわたって，厳しくも温かい沢山のコメントをいただいた．

最後に，京都大学学術出版会の鈴木哲也さんと永野祥子さんには，本書に対する全体的なアドバイスと出版への道を拓いて下さったことに，特に永野さんには，担当編集者として構成から表現の細部に至るまで，長期にわたり親身にご指導下さったことに，心よりの感謝を申し上げる．

参考文献

アダム・ラザフォード（2017）『ゲノムが語る人類全史』（垂水雄二訳）文芸春秋

Alberts B., Johnson A., Lewis J., Raff M., Roberts K. & Walter P.（2002）"Molecular Biology of the Cell, fourth edition" Garland Science, New York.

ブラックモア S.（2000）『ミーム・マシーンとしての私 上・下』（垂水雄二訳）草思社

Couvillion M. T., Soto I. C., Shipkoveska G. & Churchman L. S.（2016）Synchronized mitochondrial and cytosolic translation programs. Nature 533, 499-503.

団まりな（2008）『細胞の意思』NHK ブックス

Darwin C.（1859）"The Origin of Species" Oxford University Press, London

ダーウィン C.（1963,1968,1971）『種の起原（上・中・下）』（八杉竜一訳）岩波文庫

ドーキンス R.（2006）『祖先の物語 上・下』（垂水雄二訳）小学館

ドーキンス R.（2012）『進化の存在証明』（垂水雄二訳）早川書房

Evans M. J. & Kaufman M. H.（1981）Establishment in culture of pluripotential cells from mouse embryos. Nature 292, 154-156.

Fujishima M.（Ed.）（2009）"Endosymbionts in *Paramecium*" Springer Gilley D. & Blackburn E. H.（1994）Lack of telomere shortening during senescence in Paramecium. Proc. Natl. Acad. Sci. USA 91, 1955-1958.

福岡伸一（2007）『生物と無生物のあいだ』講談社現代新書

Galadjieff, M. A. & Metalnikow S.（1933）L'immortalité de la cellule: Vingt-deux ans de culture d'infusoires san conjugaison. Arch. Zool. Exp. Gen. 75, 331-352.

Gilley D. & Blackburn E.H.（1994）Lack of telomere shortening during senescence in *Paramecium*. Proc. Natl. Acad. Sci. USA 91, 1955-1958.

後藤佐多良（2012）『健康に老いる』東京堂出版

Grell K. G.（1973）"Protozoology" Springer-Verlag, Berlin

Harley C. B., Futcher A. B. & Greider C. W.（1990）Telomeres shorten during ageing of human fibroblasts. Nature 345, 458-460.

Hausmann K., Hülsmann N. & Radek R.（2003）"Protistology, 3 rd Edn." E. Schweizerbart'sche Verlagsbubchhandlung, Stuttgart.

Hayflick L. & Moorhead P. S.（1961）The serial cultivation of human diploid cell strains. Exp. Cell Res. 25, 585-621.

本多久夫（2010）『形の生物学』NHK ブックス

星 元紀（2007）「無性生殖から有性生殖への転換—プラナリアを例に」『性と生殖』（阿部眞一・星元紀（編），培風館）

Ikehara K., Omori Y, Arai R, Hirose A.（2002）A novel theory on the origin of the genetic code: a GNC-SNS hypothesis. J. Mol. Evol. 54, 530-538.

Ikehara K.（2005）Possible steps to the emergence of life: The[GADV]-protein world hypothesis. Chem. Rec. 5, 107-118.

池原健二（2006）『GADV 仮説—生命起源を問い直す』京都大学学術出版会

Ikehara K.（2016）Evolutionary Steps in the Emergence of Life Deduced from the Bottom-Up Approach and GADV Hypothesis（Top-Down Approach）. Life（Basel）. 6（1）, 6, doi:10.3390/life6010006Ikehara K.

Ikehara K.（2016）"GADV hypothesis on the origin of life — Life emerged in this way —" LAP LAMBERT Academic Publishing, Saarbrucken, Germany.

伊谷純一郎（1971）『高崎山のサル』（今西錦司編「日本動物記 2」）思索社

金子邦彦（2003）『生命とは何か』東京大学出版会

河野重行（1999）『ミトコンドリアの謎』講談社

木村資生（1988）『生物進化を考える』岩波新書

木下 圭・浅島 誠（2003）『新しい発生生物学』講談社

小林秀雄（2013）『考えるヒント 3』文春文庫

Kobayashi K. et al.,（2017）The identification of D-tryptophan as a bioactive substance for postembryonic ovarian development in the planarian *Dugesia ryukyuensis*. Sci. Rep. 7,45175;doi:10.1038/srep45175.

小林一也・関井清乃（2017）『プラナリアたちの巧みな生殖戦略』（裳華房）

Kono T. et al.,（2004）Birth of parthenogenetic mice that can develop to adulthood. Nature 428, 860-864.

河野友宏・尾畑やよい・小川英彦（2004）「哺乳類におけるゲノムインプリン

ティングによる単為発生阻止」タンパク質 核酸 酵素 49（13），2123-2130.
（2004）

久保亮五・長倉三郎・井口洋夫・江沢洋（1987）（編）『理化学辞典第 4 版』
岩波書店

倉谷 滋（2015）『形態学』丸善出版

黒岩常祥（2000）『ミトコンドリアはどこからきたか』NHK ブックス

黒木登志夫（2015）『iPS 細胞』中公新書

Langman J.（1969）"Medical Embriology" Igaku Shoin Ltd., Tokyo

レーン N.（2007）『ミトコンドリアが進化を決めた』（斉藤隆央訳）みすず
書房

レーン N.（2016）『生命，エネルギー，進化』（斉藤隆央訳）みすず書房

Martin, G. R.（1981）Isolation of a pluripotent cell line from early mouse embryos
cultured in medium conditioned by tetracarcinoma stem cells. Proc. Natl. Acad.
Sci. USA 78, 7634-7638.

Martin W. & Müller M.（1998）The hydrogen hypothesis for the first eukaryote. Nature
392: 37-41.

メイナード・スミス J. & サトマーリ E.（1997）『進化する階層』（長野敬訳）
シュプリンガー・フェアラーク東京

道端齋（2012）『生元素とは何か』NHK ブックス

見上一幸（1986）「接合と核変化」（樋渡宏一編『ゾウリムシの遺伝学』東北
大学出版会）

Miyake A.（1958）Induction of conjugation by chemical agents in *Paramecium caudatum*.
J. Inst. Polytech. Osaka City Univ.（Biol.）9, 251-296.

Miyake A. & Beyer J.（1974）Blepharmone: A conjugation-inducing glycoprotein in the
ciliate Blepharisma. Science 185, 621-623.

Miyake A.（1996）Fertilization and sexuality in ciliates. In *Ciliates: Cells as organisms*（ed.
Hausmann and Bradbury）, pp. 243-290. New York: Gustav Fischer Verlag.

宮田隆（1998）『DNA から見た生物の爆発的進化』岩波書店

宮田隆（2014）『分子からみた生物進化』講談社

守隆夫（2010）『動物の性』裳華房

本川達雄（1995）『ゾウの時間ネズミの時間』中公新書

村瀬雅俊（2000）『歴史としての生命』京都大学学術出版会

永田和宏（2008）『タンパク質の一生』岩波新書

Nanney D. L.（1976）"Experimental Ciliatology" John Wiley & Sons, New York.

日本進化学会（編）（2012）『進化学事典』共立出版

大野乾（1988）『生命の誕生と進化』東京大学出版会

大野乾（1991）『大いなる仮説』羊土社

大澤省三（1997）『遺伝暗号の起源と進化』共立出版

ラザフォード A.（2017）『ゲノムが語る人類全史』（垂水雄二訳）文藝春秋

レズニック D.（2015）『21世紀に読む「種の起原」』（垂水雄二訳）みすず書房

Sacher, G.A.（1959）Relation of lifespan to brain weight and body weight in mammals. In *The Life Span of Animals*.（ed. G.E.W. Wolstenholme and M. O'Conner）, pp. 115-133. CIBA Found. Colloq. on Aging, Vol. 5.

斎藤成也（2005）『DNA から見た日本人』筑摩新書

佐藤勝彦（2010）『宇宙137億年の歴史』角川選書

Shimomura F. & Takagi Y.（1984）Chemical induction of autogamy in *Paramecium multimicronucleatum*, syngen 2. J. Protozool. 31, 360-362.

Sikes J. M. & Newmark P. A.（2013）Restoration of anterior regeneration in a planarian with limited regenerative ability. Nature 500, 77-80.

Sonneborn T. M.（1954）The relation of autogamy to senescene and rejuvenescence in *Paramecium aurelia*. J. Protozool. 1, 38-53.

Sugiura M. & Harumoto T.（2001）Identification, characterization, and complete amino acid sequence of the conjugation-inducing glycoprotein（blepharmone）in the cilitate *Blepharisma japonicum*. Proc. Natl. Acad. Sci. USA 98, 14446-14451.

Takagi Y. & Yoshida M.（1980）Clonal death associated with the number of fissions in *Paramecium caudatum*. J. Cell Sci., 41, 177-191.

Takagi Y. & Kanazawa N.（1982）Age-associated change in macronuclear DNA content in *Paramecium caudatum*. J. Cell Sci., 54, 137-147.

髙木由臣（1993）『生物の寿命と細胞の寿命』平凡社

Takagi Y., Kitsunezaki S., Ohkido T. & Komori R.（2005）How *Paramecium* cells die under a cover glass? Jpn. J. Protozool., 38, 153-161.

高木由臣（2009）『寿命論』NHK ブックス

Takagi Y.（2010）On the origin of sexual reproduction: a hypothesis. Jpn. J. Protozool. 43, 89-93.

高木由臣（2014）『有性生殖論』NHK ブックス

Takahashi K. & Yamanaka S.（2006）Induction of pluripotent stem cells from mouse embryonic and adult fibroblast cultures by defined factors. Cell 126: 663-676.

垂水雄二（2009）『悩ましい翻訳語』八坂書房

垂水雄二（2012）『進化論の何が問題か』八坂書房

垂水雄二（2014）『科学はなぜ誤解されるのか』平凡社新書

垂水雄二（2018）『進化論物語』バジリコ

津田一郎（代表）（2008）『ダイナミックスからみた生命的システムの進化と意義』国際高等研究所

津田一郎（代表）（2011）『生物進化の持続性と転移』国際高等研究所

Uezu T., Kakutani S., Yoshida M., Nakajima A., Asao T. & Takagi Y.（2009）Novel feature of computer-simulated clonal life of *Paramecium caudatum*. J. Theoret. Biol. 258, 281-288.

ワグナー A.（2015）『進化の謎を数学で解く』（垂水雄二訳）文芸春秋

Watson J. D.（1965）"Molecular Biology of the Gene" W. A. BENJAMINE,INC.

Wichterman R.（1986）"The Biology of Paramecium, Second Edition" Plenum Press, New York & London.

山田誠二（2005）『産業医の覚書』産業医学振興財団

柳田邦男（1997）『「死の医学」への序章』新潮文庫

柳田邦男（1999）『「死の医学」への日記』新潮文庫

柳田充弘（1995）『細胞から生命が見える』岩波新書

柳澤桂子・堀文子（2004）『生きて死ぬ智慧』小学館

八杉龍一・小関治男・古谷雅樹・日高敏隆（1996）（編）『生物学辞典第 4 版』岩波書店

養老孟司（2004）『死の壁』新潮新書

索引（事項、生物名、人物名）

■事項

RNA　5, 107, 108, 126, 192, 288
　——スプライシング　195, 213
　——ポリメラーゼ　126
　——ワールド仮説　194, 196, 287
　t——　104, 115, 126, 228
　m——　104, 115, 117, 126, 213, 228
　r——　104, 126, 196, 215, 228
iPS 細胞　15, 120, 234
　——バンク　121
アポトーシス　19, 40, 105, 286
安全対策　170, 226, 271
アンチエイジング　76
ES 細胞　14
一遺伝子一酵素説　102
一遺伝子一ポリペプチド説　102
1 倍体　142, 144, 146, 152, 155, 169, 183, 226, 242, 249, 265, 271, 285
　——化　152, 171, 252, 255, 269
遺伝暗号　108, 123, 138, 211, 252
　——表　109, 112, 193, 204
遺伝子　85, 88, 91, 92, 107, 117, 122, 123, 126, 129, 165, 205, 259
　——型　121, 142, 147, 156, 165, 242, 249, 252, 255
　——語　111
　——重複　224
　——多型　119
　——のシャフリング　254
　——の多様化戦略　252
　情報——　210, 219
　代謝——　210, 219
　対立——　92, 129
　複対立——　92, 131
　抑制——　249

遺伝的隔離　176
遺伝的多様化（多様性）　146, 151, 152, 154, 156, 162, 164, 167, 252, 255
遺伝的浮動　294
イントロン　113, 195, 213
裏（命題）　72, 74
ATP（アデノシン三リン酸）　85, 134, 308
エキソン　113, 213
エネルギー　85, 94
　——消費量　63
　——生成　105
　——代謝　83
　——配分　78, 254, 267
　——分配　269
　消費——　80
　余剰——　80
塩基置換　117
エンドサイトーシス（食作用）　105, 214, 216, 221, 223, 225, 267
大型ゲノム　250, 251, 267
大型細胞　212, 220, 250, 251, 267
　——化　222
オートガミー　48, 50, 51, 61, 71, 74, 157, 159, 162-169, 187,
オートファジー　105, 161
解糖　137, 211
核　211, 216, 225
　——交換　164
　——の性　274
　——の 2 型性　48
　——膜（孔）　115, 127, 216, 223
　移動——（静止——）　163, 167
　受精——（配偶——）　164, 167
かぐや　260

鎌形赤血球貧血症 116, 206
ガモン 1 （ガモン 2 ） 69
幹細胞 38
　多能性―― 15
　胚性――（ES 細胞） 14
ガン細胞 234, 249, 274
カンブリア爆発 186
逆（命題） 72, 74
ギャップ遺伝子 20
共生 214, 219, 221, 223, 243, 248, 267
　――体 214, 218
共通祖先 264
極体 144, 253
極細胞 19
近縁度 182
近親交配 175
クエン酸回路 134
組み換え 146, 152, 169
　遺伝的―― 250
クリスパー（CRISP/Cas 9 ） 128
クローン死 56, 61
クローン内接合（自系接合，セルフィング） 57, 71
（β）グロビン 87, 116, 118, 130, 206
群体 145, 267, 268, 270
形質 85, 94, 101, 129, 208, 288
　獲得―― 179, 287
　――転換（活性） 44, 96
　――発現 83
　対立―― 129
継承（由来）の理論 237, 289, 302
形態異常 278
形態形成（過程） 9, 40, 105
血液型 101, 120, 121, 131
欠失 114, 123, 131, 205, 240
ゲノム 150, 152, 184, 243, 246, 250, 258, 269
　――インプリンティング 258
　――サイズ 212, 238, 254
　――の大型化 223, 268

原核細胞（原核生物） 137, 150, 152, 173, 186, 188, 209, 211, 215, 216, 223, 226, 238, 289
減数分裂 10, 49, 143, 144, 150, 162, 169, 253, 255, 265, 269, 271
顕性（優性） 90, 129
　――遺伝子 130, 133, 170, 250, 251
交叉 146, 148
五界説 209
呼吸 137, 308
　――系 134
　――鎖 135, 227
個体発生（過程） 9, 17, 24, 234, 254, 273
コドン 107, 109, 114
　――の冗長性 130, 252
再生 67, 70, 75, 245
細胞
　――骨格 105, 212, 214, 220, 221, 223
　――サイズ 212, 285
　――死 41, 282
　――周期 105, 250, 286
　――寿命 41, 45, 53
　――内膜系 212, 214, 216, 223
　――の大型化 152, 223
　――培養 43, 52
　――分化（過程） 9, 38
　――壁 215, 221, 223
　――膜 137, 216
　――融合 145, 253
酸化的リン酸化 211, 218
三ドメイン説 209
GADV 仮説 197, 199, 201, 205, 208, 287
［GADVE］タンパク質世界 202
自家不和合性 132
時間 42, 58-65, 78, 79
始原生殖細胞 10, 273
事故死 272, 277, 280, 285
自己複製 94, 287
　――機能 197

索引（事項、生物名、人物名）　319

——物質　194
指数関数的増殖（様式）　5, 285
自然淘汰（自然選択）　79, 118, 124, 138,
　208, 236, 242, 248-253, 255, 265-267,
　271, 285, 289, 290
ジャーム（生殖細胞，生殖系）　17,
　234, 254, 267, 272
収縮胞　281
雌雄　55, 152, 162, 187, 258
　——同体　13, 68
　——配偶子　13
修復　105, 149, 251
　——機構　251, 289
　エラーの——　99, 149, 169
受精　10, 147, 150, 152, 162, 171, 265
　自家——　132
　——核　247, 249
　——卵　9, 14, 75, 148, 183, 259
寿命　4, 43, 47, 60, 61, 71, 157, 245, 255,
　262, 263, 271, 280
　最大——　77, 81
　平均——　76, 80
純系　175
小核　48, 73, 145, 160, 163, 246, 249, 276
初期化　15, 18, 159, 255
初期地球　199, 207, 286
食作用　→エンドサイトーシス
触媒（活性，作用）　125, 194, 199, 287
人為選択（人為淘汰）　293
進化　138, 235, 238, 248, 265
　——原理　139
　——論　124, 151, 182, 235, 289, 295,
　306
真核細胞　83, 150, 209, 211, 212, 215,
　218, 244, 263
　初期——　222, 241, 269
　——化　217, 220, 221, 223
新生細胞（ネオブラスト）　68, 70, 75,
　245
水素仮説　214, 217, 218, 220

垂直伝播　93
水平伝播　93, 153
STAP 細胞　158
スプライシング　104
　選択的——　104, 114
生殖（核，器官）　48, 67, 73, 160, 246
生殖系，生殖細胞　→ジャーム
性
　——成熟（過程，期）　9, 42, 61, 79,
　144, 254, 269
　——転換　57, 254
　——淘汰　291
　——の分化　152, 162, 254, 255
　——物質　69, 79, 105
セグメント・ポラリティー遺伝子　20
世代交代　152
接合　157, 159, 163
セルフィング　→クローン内接合
セレノシステイン　87
全ゲノム重複　224, 240
染色体　12, 20, 92, 94, 101, 211
　——構造　247
　——数　185
潜性（劣性）　90, 92, 129
　——遺伝子　130, 133, 170, 251
　——突然変異　258
セントラルドグマ　108, 111, 115, 192, 209
挿入　124
ソーマ（体細胞，体細胞系）　17, 234,
　254, 267, 268, 270, 272
ソネボーン限界　51
大核　48, 73, 160, 246, 249, 276, 277
　——DNA　247, 274, 277
　——のコピー数　247
　——の再生　248
　——の崩壊　74, 160
　——の不等分配　277
　——の無糸分裂　248
対偶（命題）　72
体細胞，体細胞系　→ソーマ

——核　73, 160
——分裂　143, 144, 146
代謝　5, 191, 197, 245
——遺伝子　210
——系　196
体重　35, 58, 60, 63, 78, 79
対数増殖（期）　5, 50
多様化　237
多様性維持システム　243
単為（生殖，発生）　183, 255, 258, 260
タンパク質　85, 192
——ワールド（仮説）　194, 197, 206, 287
単離培養（法）　49, 55, 59, 244
置換　124, 241
チューブリン　103
DNA　46, 85, 92, 100, 107, 117, 123, 127, 184, 212, 277, 284
定常期　50, 54, 57
適者生存　293
テロメア　45, 247, 274
テロメラーゼ　45, 196, 274
転移酵素　122
転換系統　68
転座　240
転写　107, 115, 126, 308
——開始複合体　127
——抑制　258
転写・翻訳系　205, 211, 288
突然変異　22, 61, 73, 95, 102, 129, 132, 153, 170, 224, 238, 240, 243, 249, 253
中立な——　251
——体　61, 62, 74, 246, 249
ドメイン　209
D-トリプトファン　68, 70
トリプレット説　107
ナノス　18
ニッチ　285, 302
2倍体　142, 144, 146, 155, 163, 169, 183, 226, 247, 249, 251, 252, 255, 265, 271

——化　152, 171, 226, 250, 253, 255, 269
ネオブラスト　→新生細胞
配偶子　145, 147, 162, 253, 274
配偶者選択　291
倍数性　142
ハイドロジェノソーム　214, 218
胚盤胞　→ブラストシスト
白血球型　120
発酵　137
ヒーラ（HeLa）細胞　45
非親型　165, 256
ビコイド　18
ヒト主要組織適合遺伝子複合体　120
百寿者（センテナリアン）　77
表現型　92, 121, 147, 155, 165, 187, 237, 242, 249-253
——化　255, 258
フィッシャー・マラー効果　154
付加　241
不可逆的過程　9, 17
複製　5, 191, 197, 211
疑似——　199, 205, 207, 288
多重——　247
半保存的——　98
——エラー　149
——系　196
——単位　213
不死　45, 76, 245, 265
不等分配　247, 277
ブラストシスト（胚盤胞）　14
プリオン　103
フレームシフト　205
不老不死　246, 290
プロモーター　132
分化多能性（細胞）　14, 39, 70, 75
分子病　116
分裂
縦——　12
非——性　271

索引（事項、生物名、人物名）　321

——異常　277, 280
——限界（細胞寿命）　45, 51, 53, 59, 234, 276
——性細胞　271
——速度　277
——の同調性　277
——様式　37, 286
無糸——　247
無限——能　275
横——　12
ペア・ルール遺伝子　20
ヘイフリック限界　51
ヘモグロビン　116
——異常　130
暴走性（暴走的性質）　5, 24, 41, 231, 233, 275, 280, 284-286
ボディ・プラン　19, 22, 78, 289
ホメオティック（ホックス，Hox）遺伝子群　20, 22, 289
翻訳　108, 115, 308
ミーム　179
ミトコンドリア　135, 212, 216, 218, 220, 221, 267
——遺伝子　204, 228
ミラーの実験　189
無性系統　68
無性生殖（過程）　9, 66, 67, 141, 142, 143, 149, 169, 242, 244, 272
メチル化　132, 258
戻し交雑　62
有糸分裂　223, 226, 247
優性　→顕性
優生学　133
有性化因子　68, 69
有性系統　68
有性生殖（過程）　71, 141, 143, 146, 148, 157, 159, 164, 169, 183, 249
原初——（仮説）　171, 246, 265
有用性の検証　170, 226, 242, 253, 256, 258

抑制解除（機構）　71, 234, 249, 269
抑制系　6, 231, 233, 259, 262, 272, 274, 280, 283, 286, 288, 289, 290
ライボザイム　194, 196
リボソーム　115, 212, 215, 216, 227
劣性　→潜性
老化　9, 16, 75, 76, 262, 266, 267, 277
老死　9, 10, 66, 75, 231, 261, 276, 286
若返り　16, 67, 152, 234, 255, 272

■生物名
アカパンカビ　93, 102
アメーバ　186, 262, 264, 290
アリマキ（アブラムシ）　255-258
αプロテオバクテリア　216, 217, 219, 220, 226, 228
イヌ　62, 120
イモリ　67, 75, 159
ウイルス　88, 93, 94, 96, 101, 153
ウシ　70, 120
ウマカイチュウ　147
襟鞭毛虫　13
エンドウ　90, 102
オイカワ　34
オランウータン　178, 185
カイメン　245
カウダーツム　28, 53-56, 59, 276-279
カエル　12, 44, 47
カニ　70
カワニナ　70
環形動物　70
カンテツ　70, 71
旧世界ザル　178
共生細菌　264
菌類　186, 209, 210, 215, 235, 238, 263, 264
クモ類　13
クラゲ　14, 245
クラミドモナス　13, 268, 270
原核生物　138, 186, 188, 209, 210, 238,

242, 262, 263, 272, 285, 290
原生生物　4, 13, 47, 168, 186, 209, 210, 238, 263, 270
甲殻類　70
光合成細菌　188
高度好酸好熱菌　209
高度好塩菌　209
酵母　74, 93, 137, 138
古細菌　187, 209, 214, 215, 218, 219, 222
ゴニウム　268
ゴリラ　177, 178, 185
昆虫類　13
根粒細菌　188
細菌　→バクテリア
細菌ウイルス　→ファージ
シアノバクテリア（藍色細菌）　188, 216, 219
刺胞動物　70
ショウジョウバエ　18-20, 92, 131, 147, 175, 176, 273
植物　186, 209, 238, 263, 264
真核生物　148, 186, 209, 215, 243, 244, 249, 262, 264, 272, 308
真正細菌　187, 209, 219
スイゼンジノリ　188
スチロニキア属　247
ストレプトマイシン生産菌　188
スマトラオランウータン　178
繊毛虫（類）　12, 72, 168, 204, 247
ゾウ　10, 28, 34-36, 41, 58-60, 62, 63, 79, 93
ゾウリムシ　4, 12, 31, 42, 45, 47, 53, 58, 60, 61, 66, 72, 88, 93, 97, 103, 145, 157-164, 167, 186, 195, 221, 244, 247, 253, 254, 258, 264, 265, 274, 276-278, 280-283, 307
藻類　221
大腸菌　3, 25, 26, 46, 72, 88, 93, 97, 152, 188, 243, 244, 276
タバコモザイクウイルス（TMV）　97,

101
タパヌリオランウータン　178
腸内細菌　188
チンパンジー　175, 177, 178, 184, 185, 264
T_2ファージ　96
テトラヒメナ（サーモフィラ, ピリフォルミス）　72, 73, 195, 246, 247
テナガザル　178
動物　186, 209, 238
トカゲ　67, 75
ナイロン分解菌　243
納豆菌　188
肉質虫類　168
ニシゴリラ　178
ニホンザル　100
ニホンナタネ　132
乳酸菌　137, 188
ニワトリ　12, 44
ネアンデルタール人　176, 178, 185
ネコ　120
ネズミ　58, 60, 79
ネンジュモ　188
肺炎双球菌　95, 101
ハエ　12
バクテリア（細菌）　3, 32, 46, 88, 93, 94, 101, 138, 139, 150, 152, 153, 188, 217, 221, 223, 226, 243, 244, 262, 264, 275, 276, 290, 301, 307
ハマダラ蚊　118
尾索動物　88
ヒトデ　145
ヒドラ　70, 245
ビフィズス菌　188
ファージ（細菌ウイルス）　93, 96, 101
ブタ　120
フタヒメゾウリムシ　47, 53, 180
プラナリア　67, 70, 71, 75, 141, 149, 245, 262, 290
ブレファリズマ　69

索引（事項、生物名、人物名） 323

扁形動物　70
鞭毛虫　12, 270
哺乳類　62, 70, 258, 260
ホモ・エレクトス　176
ホモ・サピエンス　77, 176, 302
ホヤ　88
ボルボックス　268, 271
マウス　14, 16, 20, 31, 35, 44, 78, 94, 96,
　　159, 175, 258, 283
マラリア原虫　118
ミジンコ　253, 257
ミツバチ　182
ミドリゾウリムシ　221
メタン生成細菌　209, 214, 218, 219
メトセラ・ゾウリムシ　48, 180, 246
ヤマトヒメミミズ　70
ユレモ　188
ヨツヒメゾウリムシ　46, 48, 53, 61, 73,
　　274, 276
ラット　94
緑藻類　270
類人猿　175
ワムシ　253, 257

■人物名
アーレ W. E.　44
浅島 誠　21
池原 健二　83, 197, 309
伊谷 純一郎　100
今西 錦司　290
ウイルソン E. B.　91
ウッドラフ L. L.　47, 50
エヴァンス M. J.　14
エーヴリー O. T.　96
大隅 良典　161
太田 朋子　290
大野 乾　190, 290
岡田 節人　100
オチョア S.　109
尾畑 やよい　260

金澤（長瀬）修子　278
ガモウ G.　107
ガラジエフ M. A.　53, 57
カルマン J. L.　77
カレル A.　44
河野 重行　218
キーフェ A.　125
ギエラー A.　97
木下 圭　21, 312
木下 久雄　34
木村 資生　290
ギャロッド A. E.　102
久保田 尚志　69
倉谷 滋　21, 313
クリック F. H. C.　97
グリフィス F.　96
黒岩 常祥　224, 313
黒木 登志夫　15, 313
ゲイ G. O.　45
河野 友宏　260, 312
狐崎 創　282
駒井 卓　290
小林 一也　68, 69, 312
小林 悟　19, 273
小森（小林）理絵　62
コラーナ H. G.　109
コレンス C. E.　91
サットン W. S.　91
サトマーリ E.　221
柴谷 篤弘　98, 290
シャルパンティエ E.　128
シュトラースブルガー E.　91
シュレーディンガー E.　4
ショスタック J.　125
杉浦（松尾）真由美　69
スタートヴァント A. H.　92
スターン C.　131
スタンリー W. M.　97
スミス－ソネボーン J.　194
関井 清乃　68, 142

ソネボーン T. M.　48, 50-53, 157, 168
ダーウィン C. R.　235, 289, 291, 302, 306
ダ・ヴィンチ L.　22
ダウドナ J.　128
高山 誠司　132
垂水 雄二　290, 291, 311
団 まりな　145, 311
チェイス M.　97
チェック T. R.　194
チェルマック E. von S.　91
テータム E. L.　102, 152
ドーキンス R.　179
徳田 御稔　290
ド・フリース H.　91
豊田（下村）ふみよ　159
長野 敬　290
ニーレンバーグ M. W.　108
ハーシー A. D.　97
ハリソン R. E.　44, 47
ビードル G. W.　102
広田 幸敬　224
樋渡 宏一　53
ブラックバーン E. H.　45, 196, 274
ブラックモア S.　179, 311
ブリジェス C. B.　92
フレミング W.　91
ヘイフリック L.　45, 51
ポーリング L. C.　102, 116
マーギュリス L.　219

マーチン G. R.　14
マーチン W.　217
マクラング C. E.　91
マラー H. J.　153, 154
見上 一幸　164, 313
道端 齋　86, 313
三宅 章雄　52, 69, 157
宮田 隆　187, 313
ミュラー M.　217, 313
メイナード・スミス J.　221
メタルニコウ S.　53, 57
メンデル G. J.　90, 91, 101
メンデレーエフ D. I.　86
本川 達雄　58
守 隆夫　313
モルガン T. H.　92
八杉 竜一　290, 315
山中 伸弥　15, 16
養老 孟司　290, 315
吉田（八百）美知子　55, 61
ラザフォード A.　185
ラックス H.　45
レーダーバーグ J.　152
レーン N.　221
ワイズマン A.　91
ワグナー A.　124, 206
渡辺 政隆　290
ワトソン J. D.　97

高木　由臣(たかぎ　よしおみ)

1941 年生まれ．理学博士．奈良女子大学名誉教授．1965
年静岡大学卒業，京都大学大学院理学研究科入学．1969
年同博士課程中退，京都府立医科大学教養課程助手，講
師 (1974)．1975 年奈良女子大学理学部助教授，教授
(1994)，理学部長 (2000)．1981 年ワイオミング大学
(米)・ミュンスター大学（独）客員研究員．1988 年日本
動物学会論文賞．2005 年奈良女子大学定年退職．

【主な著書】
『生物の寿命と細胞の寿命——ゾウリムシの視点から』
(平凡社 1993)，『寿命論——細胞から「生命」を考える』
(NHK出版 2009)，『有性生殖論——「性」と「死」はな
ぜ生まれたのか』(NHK出版 2014)．共著に『Paramecium』
(Springer 1988)，『生命システム』(青土社 1997)，『ゾウ
リムシの遺伝学』(東北大学出版会 1999)，『ダイナミッ
クスからみた生命的システムの進化と意義』(国際高等
研究所 2008)，『生きものなんでも相談』(大阪公立大学
共同出版会 2009)，『生き延びること』(慶応義塾大学出
版会 2009)，『生物進化の持続性と転移』(国際高等研究
所 2011)，他．

生老死の進化
―― 生物の「寿命」はなぜ生まれたか　　　学術選書 085

2018 年 11 月 10 日　初版第 1 刷発行

著　　者………高木　由臣
発 行 人………末原　達郎
発 行 所………京都大学学術出版会
　　　　　　　京都市左京区吉田近衛町 69
　　　　　　　京都大学吉田南構内（〒 606-8315）
　　　　　　　電話（075）761-6182
　　　　　　　FAX（075）761-6190
　　　　　　　振替 01000-8-64677
　　　　　　　URL http://www.kyoto-up.or.jp

印刷・製本…………㈱太洋社
装　　幀…………鷺草デザイン事務所

ISBN 978-4-8140-0181-1　　Ⓒ Yoshiomi TAKAGI 2018
定価はカバーに表示してあります　　Printed in Japan

本書のコピー，スキャン，デジタル化等の無断複製は著作権法上での例外を除き禁じられています．本書を代行業者等の第三者に依頼してスキャンやデジタル化することは，たとえ個人や家庭内での利用でも著作権法違反です．

073 異端思想の500年 グローバル思考への挑戦 大津真作

074 マカベア戦記(下) ユダヤの栄光と潤落 秦 剛平

075 懐疑主義 松枝啓至

076 埋もれた都の防災学 都市と地盤災害の2000年 釜井俊孝

077 集成材 《木を超えた木》 開発の建築史 小松幸平

078 文化資本論入門 池上 惇

079 マングローブ林 変わりゆく海辺の森の生態系 小見山 章

080 京都の庭園 御所から町屋まで(上) 飛田範夫

081 京都の庭園 御所から町屋まで(下) 飛田範夫

082 世界単位日本 列島の文明生態史 高谷好一

083 京都学派 酔故伝 櫻井正一郎

084 サルはなぜ山を下りる? 野生動物との共生 室山泰之

085 生老死の進化 生物の「寿命」はなぜ生まれたか 高木由臣

035　ヒトゲノムマップ　加納圭

036　中国文明　農業と礼制の考古学　岡村秀典 [諸]6

037　新・動物の「食」に学ぶ　西田利貞

038　イネの歴史　佐藤洋一郎

039　新編　素粒子の世界を拓く　湯川・朝永から南部・小林・益川へ　佐藤文隆 監修

040　文化の誕生　ヒトが人になる前　杉山幸丸

041　アインシュタインの反乱と量子コンピュータ　佐藤文隆

042　災害社会　川崎一朗

043　ビザンツ文明の継承と変容　井上浩一 [諸]8

044　江戸の庭園　将軍から庶民まで　飛田範夫

045　カメムシはなぜ群れる？　離合集散の生態学　藤崎憲治

046　異教徒ローマ人に語る聖書　創世記を読む　秦剛平 [諸]13

047　古代朝鮮　墳墓にみる国家形成　吉井秀夫

048　王国の鉄路　タイ鉄道の歴史　柿崎一郎

049　世界単位論　高谷好一

050　書き替えられた聖書　新しいモーセ像を求めて　秦剛平

051　オアシス農業起源論　古川久雄

052　イスラーム革命の精神　嶋本隆光

053　心理療法論　伊藤良子 [心]7

054　イスラーム　文明と国家の形成　小杉泰 [諸]4

055　聖書と殺戮の歴史　ヨシュアと士師の時代　秦剛平

056　大坂の庭園　太閤の城と町人文化　飛田範夫

057　歴史と事実　ポストモダンの歴史学批判をこえて　大戸千之

058　神の支配から王の支配へ　ダビデとソロモンの時代　秦剛平

059　古代マヤ　石器の都市文明 [増補版]　青山和夫 [諸]11

060　天然ゴムの歴史　ヘベア樹の世界・周オデッセイから「交通化社会」へ　こうじや信三

061　わかっているようでわからない数と図形と論理の話　西田吾郎

062　近代社会とは何か　ケンブリッジ学派とスコットランド啓蒙　田中秀夫

063　宇宙と素粒子のなりたち　糸山浩司・横山順一・川合光・南部陽一郎

064　インダス文明の謎　古代文明神話を見直す　長田俊樹

065　南北分裂王国の誕生　イスラエルとユダ　秦剛平

066　イスラームの神秘主義　ハーフェズの智慧　嶋本隆光

067　愛国とは何か　ヴェトナム戦争回顧録を読む　ヴォー・グエン・ザップ著・古川久雄訳・解題

068　景観の作法　殺風景の日本　布野修司

069　空白のユダヤ史　エルサレムの再建と民族の危機　秦剛平

070　ヨーロッパ近代文明の曙　描かれたオランダ黄金世紀　樺山紘一 [諸]10

071　カナディアンロッキー　山岳生態学のすすめ　大園享司

072　マカベア戦記(上)　ユダヤの栄光と凋落　秦剛平

学術選書 [既刊一覧]

＊サブシリーズ 「心の宇宙」→心
「宇宙と物質の神秘に迫る」→宇
「諸文明の起源」→諸

001 土とは何だろうか？ 久馬一剛

002 子どもの脳を育てる栄養学 中川八郎・葛西奈津子

003 前頭葉の謎を解く 船橋新太郎 心1

005 コミュニティのグループ・ダイナミックス 杉万俊夫 編著 心2

006 古代アンデス 権力の考古学 関雄二 諸12

007 見えないもので宇宙を観る 小山勝二ほか 編著 宇1

008 地域研究から自分学へ 高谷好一

009 ヴァイキング時代 角谷英則 諸9

010 GADV仮説 生命起源を問い直す 池原健二

011 ヒト 家をつくるサル 榎本知郎

012 古代エジプト 文明社会の形成 高宮いづみ 諸2

013 心理臨床学のコア 山中康裕 心3

014 古代中国 天命と青銅器 小南一郎 諸5

015 恋愛の誕生 12世紀フランス文学散歩 水野尚

016 古代ギリシア 地中海への展開 周藤芳幸 諸7

018 紙とパルプの科学 山内龍男

019 量子の世界 川合・佐々木・前野ほか 編著 宇2

020 乗っ取られた聖書 秦剛平

021 熱帯林の恵み 渡辺弘之

022 動物たちのゆたかな心 藤田和生 心4

023 シーア派イスラーム 神話と歴史 嶋本隆光

024 旅の地中海 古典文学周航 丹下和彦

025 古代日本 国家形成の考古学 菱田哲郎 諸14

026 人間性はどこから来たか サル学からのアプローチ 西田利貞

027 生物の多様性ってなんだろう？ 生命のジグソーパズル 京都大学総合博物館 京都大学生態学研究センター 編

028 心を発見する心の発達 板倉昭二 心5

029 光と色の宇宙 福江純

030 脳の情報表現を見る 櫻井芳雄 心6

031 アメリカ南部小説を旅する ユードラ・ウェルティを訪ねて 中村紘一

032 究極の森林 梶原幹弘

033 大気と微粒子の話 エアロゾルと地球環境 笠原三紀夫 監修 東野達 監修

034 脳科学のテーブル 日本神経回路学会監修／外山敬介・甘利俊一・篠本滋編